축산직
기출문제 정복하기

9급 공무원 축산직
기출문제 정복하기

개정2판 발행 2024년 02월 23일

개정3판 발행 2025년 01월 10일

편 저 자 | 공무원시험연구소

발 행 처 | ㈜서원각

등록번호 | 1999-1A-107호

주 소 | 경기도 고양시 일산서구 덕산로 88-45(가좌동)

교재주문 | 031-923-2051

팩 스 | 031-923-3815

교재문의 | 카카오톡 플러스 친구[서원각]

홈페이지 | goseowon.com

PREFACE

이 책의 머리말

모든 시험에 앞서 가장 중요한 것은 출제되었던 기출문제를 최대한 많이 풀어봄으로써 그 시험의 유형 및 출제 경향, 난도 등을 파악하는 데에 있다. 즉, 최단시간 내 최대의 학습효과를 거두기 위해서는 기출문제의 분석이 무엇보다도 중요하다는 것이다.

'9급 공무원 기출문제 정복하기 - 축산직'은 이를 주지하고 그동안 시행된 기출문제를 과목별로, 시행처와 시행연도별로 깔끔하게 정리하여 담고 문제마다 상세한 해설과 함께 관련 이론을 수록한 군더더기 없는 구성으로 기출문제집 본연의 의미를 살리고자 하였다.

수험생은 본서를 통해 변화하는 출제경향을 파악하고 학습의 방향을 잡아 단기간에 최대의 학습효과를 거둘 수 있을 것이다.

9급 공무원 시험의 경쟁률이 해마다 점점 더 치열해지고 있다. 이럴 때일수록 기본적인 내용에 대한 탄탄한 학습이 빛을 발한다. 수험생 모두가 자신을 믿고 본서와 함께 끝까지 노력하여 합격의 결실을 맺기를 희망한다.

STRUCTURE

이 책의 특징 및 구성

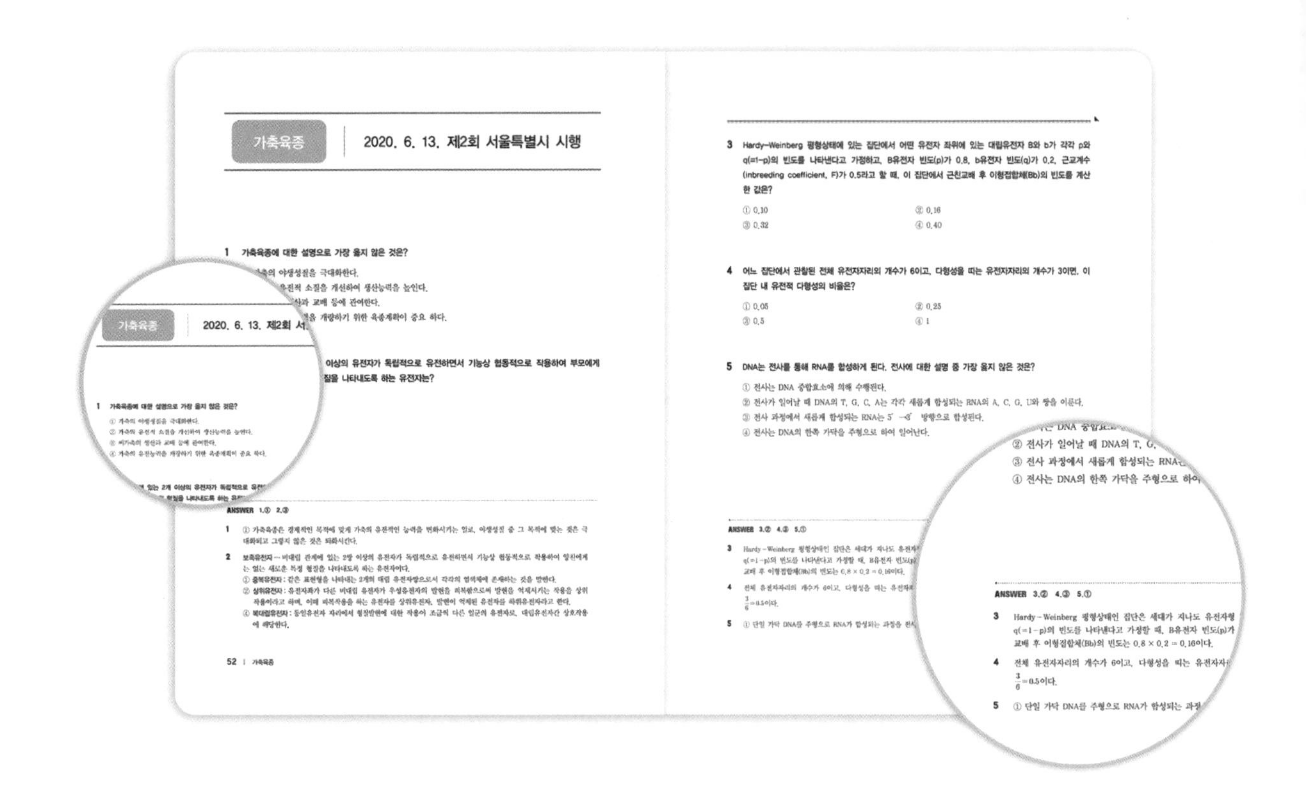

가축육종 | 2020. 6. 13. 제2회 서울특별시 시행

1 가축육종에 대한 설명으로 가장 옳지 않은 것은?

3 Hardy-Weinberg 평형상태에 있는 집단에서 어떤 유전자 좌위에 있는 대립유전자 B와 b가 각각 p와 q(=1-p)의 빈도를 나타낸다고 가정하고, B유전자 빈도(p)가 0.8, b유전자 빈도(q)가 0.2, 근교계수(inbreeding coefficient, F)가 0.5라고 할 때, 이 집단에서 근친교배 후 이형접합체(Bb)의 빈도를 계산한 값은?

① 0.10 ② 0.16
③ 0.32 ④ 0.40

4 어느 집단에서 관찰된 전체 유전자자리의 개수가 6이고, 다형성을 띠는 유전자자리의 개수가 3이면, 이 집단 내 유전적 다형성의 비율은?

① 0.05 ② 0.25
③ 0.5 ④ 1

5 DNA는 전사를 통해 RNA를 합성하게 된다. 전사에 대한 설명 중 가장 옳지 않은 것은?

① 전사는 DNA 중합효소에 의해 수행된다.
② 전사가 일어날 때 DNA의 T, G, C, A는 각각 새롭게 합성되는 RNA의 A, C, G, U와 쌍을 이룬다.
③ 전사 과정에서 새롭게 합성되는 RNA는 5′→3′ 방향으로 합성된다.
④ 전사는 DNA의 한쪽 가닥을 주형으로 하여 일어난다.

ANSWER 1.① 2.③

1 ① 가축육종은 경제적인 목적에 맞게 가축의 유전적인 능력을 변화시키는 일로, 야생성질 중 그 목적에 맞는 것은 극대화되고 그렇지 않은 것은 퇴화시킨다.

2 보족유전자 … 비대립 관계에 있는 2쌍 이상의 유전자가 독립적으로 유전하면서 기능상 협동적으로 작용하여 양친에게는 없는 새로운 특정 형질을 나타내도록 하는 유전자이다.

ANSWER 3.② 4.③ 5.①

3 Hardy-Weinberg 평형상태인 집단은 세대가 지나도 … 교배 후 이형접합체(Bb)의 빈도는 0.8 × 0.2 = 0.16이다.

4 전체 유전자자리의 개수가 6이고, 다형성을 띠는 … $\frac{3}{6}$ = 0.5이다.

5 ① 단일 가닥 DNA를 주형으로 RNA가 합성되는 …

52 | 가축육종

최신 기출문제분석

최신의 최다 기출문제를 수록하여 기출 동향을 파악하고, 학습한 이론을 정리할 수 있습니다. 기출문제들을 반복하여 풀어봄으로써 이전 학습에서 확실하게 깨닫지 못했던 세세한 부분까지 철저하게 파악, 대비하여 실전대비 최종 마무리를 완성하고, 스스로의 학습상태를 점검할 수 있습니다.

상세한 해설

상세한 해설을 통해 한 문제 한 문제에 대한 완전학습을 가능하도록 하였습니다. 정답을 맞힌 문제라도 꼼꼼한 해설을 통해 다시 한 번 내용을 확인할 수 있습니다. 틀린 문제를 체크하여 내가 취약한 부분을 파악할 수 있습니다.

CONTENT

이 책의 차례

01 가축사양

02 가축육종

01

가축사양

2009. 5. 23. 제1회 지방직 시행

2010. 5. 22. 제1회 지방직 시행

2011. 5. 14. 제1회 지방직 시행

2014. 6. 28. 서울특별시 시행

2015. 6. 13. 서울특별시 시행

2016. 6. 25. 서울특별시 시행

2020. 6. 13. 제2회 서울특별시 시행

가축사양 | 2009. 5. 23. 제1회 지방직 시행

1 다음의 가축에 대한 정의에서 ㉠㉡㉢에 들어갈 용어가 바르게 연결된 것은?

> 가축(Domestic animal)이란 (㉠)되기 쉽고 인위적으로 본래의 (㉡)가(이) 개량되며, 그 성능이 자손에게 잘 (㉢)되는 것이어야 한다. 즉 축산물의 생산이나 애완을 목적으로 사육되고 사람의 관리 하에 번식되는 동물을 말하며, 품종에 따라 체구성, 특성이 다르므로 가축의 특성에 맞는 환경을 제공하고 사육해야 한다.

	㉠	㉡	㉢
①	사육	형질	전이
②	순화	형태	전이
③	사육	형태	유전
④	순화	형질	유전

2 가루를 고온, 고압 하에서 단단한 알갱이 형태로 만든 사료로써, 가축의 기호성을 높이며, 먼지를 막고 부피를 감소시킬 수 있는 사료의 가공형태는?

① 가루(Mash) 사료
② 펠렛(Pellet) 사료
③ 큐우브(Cube) 사료
④ 크럼블(Crumble) 사료

ANSWER 1.④ 2.②

1 순화가 쉬우면 원하는 형질을 선택적으로 개량하여 보급하기에 유리하다. 전이는 시간에 따른 변화를 의미하는 것이고, 세대 간 전달을 의미하는 용어는 유전이다.

2 ① 분쇄 등의 물리적 수단을 이용하여 작은 입자 상태로 만든 사료
③ 목건초 분말에 당밀을 첨가해서 고형으로 만든 사료
④ 분쇄 고형사료의 일종으로 펠렛 사료를 특정한 목적으로 파쇄 선별한 사료

3 단위동물의 위와 기능이 가장 유사한 반추동물의 위는?

① Abomasum
② Omasum
③ Reticulum
④ Rumen

4 가축 사료에 공급되는 불포화 지방산 중 Linolenic acid(C18 : 3, w3)의 분자구조는?

① $CH_3-(CH_2)_5-CH=CH-(CH_2)_7-COOH$
② $CH_3-(CH_2)_4-(CH=CHCH_2)_4-(CH_2)_2-COOH$
③ $CH_3-(CH_2)_4-CH=CH-CH_2-CH=CH-(CH_2)_7-COOH$
④ $CH_3-CH_2-CH=CH-CH_2-CH=CH-CH_2-CH=CH-(CH_2)_7-COOH$

5 다음 제시문의 ㉠㉡에 들어갈 용어가 바르게 연결된 것은?

> 광물질 (㉠)는(은) 결핍시에 반추가축에서 근육백화병 및 가금의 삼출성 소질의 원인이 되며, 과다급여시 중독증상이 관찰될 수 있다. 또한 광물질 (㉠)와(과) 더불어 (㉡)는 체내에서 항산화작용에 중요한 역할을 한다.

	㉠	㉡
①	Sulfur	vitamin D
②	Sulfur	vitamin E
③	Selenium	vitamin D
④	Selenium	vitamin E

ANSWER 3.① 4.④ 5.④

3 제1위(rumen), 제2위(reticulum), 제3위(omasum)를 거치면서 잘게 쪼개지고 발효된 음식물이 위액에 의해 소화가 되는 곳이 제4위(abomasum)로, 단위동물의 위와 같은 기능을 하는 것은 제4위인 주름위이다.

4 리놀렌산(linolenic acid) … 3개의 이중결합과 카르복실기를 가진 필수지방산의 하나로 아마인유, 대두유, 유채유 등 식물성 기름에 많이 함유되어 있다.

5 셀레늄(selenium) … 비타민 E와 함께 투여되면 항산화 작용이 증대되며, 가장 중요한 생물학적 항산화제이다. 부족시 근육백화병, 가금의 심출성 소질의 원인이 되며 과다급여시 중독증상이 나타날 수 있다.

6 사일리지의 품질을 평가하는 항목으로 옳지 않은 것은?

① 냄새　　② 색깔
③ 재료　　④ pH

7 다음은 사료에 함유된 영양소에 대한 설명이다. 괄호 안에 들어갈 내용이 알맞게 연결된 것은?

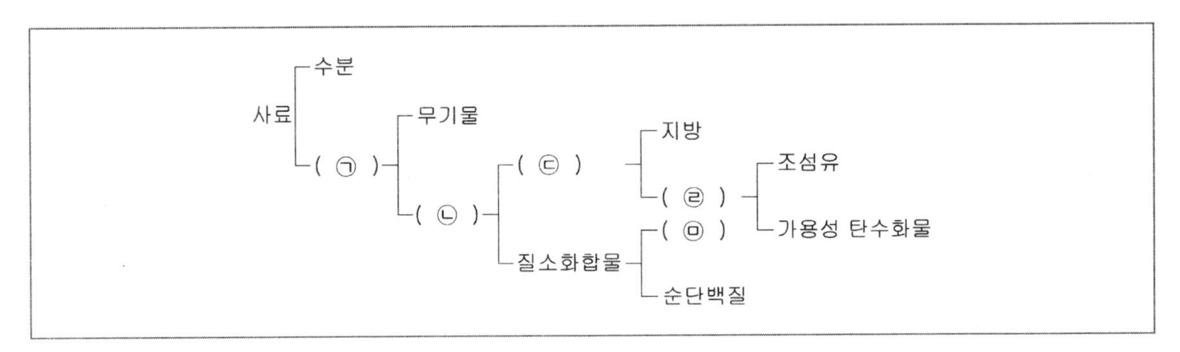

	㉠	㉡	㉢	㉣	㉤
①	유기물	고형물	무질소화합물	탄수화물	지질
②	고형물	유기물	지질	비단백태질소화합물	무질소화합물
③	고형물	유기물	무질소화합물	탄수화물	비단백태질소화합물
④	유기물	고형물	지질	비단백태질소화합물	무질소화합물

ANSWER 6.③ 7.③

6 관능적 방법에 의한 평가로 색깔, 냄새, 맛, 촉감, 가축의 선호도 등을 보고, 화학적 방법에 의한 평가로 pH, 유기산 조성비율, 암모니아태 질소의 함량 등을 본다.

7 ㉠ 고형물 : 다수분물질에서 수분을 증발 제거한 잔류물
㉡ 유기물 : 탄소원자를 함유하는 물질
㉢ 무질소화합물 : 질소를 포함하지 않는 물질
㉣ 탄수화물 : $C_n(H_2O)_m$형태를 가지는 화합물
㉤ 비단백태질소화합물 : 단백질을 제외한 모든 질소 화합물

8 **가축분뇨처리 방법 중 이산화탄소와 메탄가스가 가장 많이 발생하는 분뇨처리법은?**

① 퇴비화 ② 혐기성발효
③ 호기성발효 ④ 활성오니법

9 **단백질사료로 분류되는 기준으로 옳은 것은?**

① 조단백질이 10% 이상 함유되어 있으며, 미강 등이 포함된다.
② 조단백질이 15% 이상 함유되어 있으며, 탈지강 등이 포함된다.
③ 조단백질이 20% 이상 함유되어 있으며, 임자박 등이 포함된다.
④ 조단백질이 25% 이상 함유되어 있으며, 단백피 등이 포함된다.

10 **한우의 육성기 사양관리 중 양질조사료 다급효과에 대해 설명한 것 중 옳지 않은 것은?**

① 불가식 지방의 침착을 예방할 수 있다.
② 장기 비육시에도 계속 증체가 되므로 출하시까지 조사료 급여량을 증가시킨다.
③ 제1위 미생물을 활성화시켜 발효가 양호해지고 반추위 기능을 원활하게 한다.
④ 육성기에 조사료를 많이 급여하면 제1위 소화기관이 잘 발달되어 출하체중을 늘릴 수 있다.

ANSWER 8.② 9.③ 10.②

8 ① 퇴비화 : 호기적인 조건을 받아 미생물을 이용해 분해시켜 퇴비를 만드는 것이다. 음식물찌꺼기, 축산폐기물, 하수처리장 슬러지 등의 유기물을 부식토로 변환시킨다.
② 혐기성발효 : 산소가 공급되지 않은 상태에서 미생물이 유기물을 분해하여 에너지를 획득하는 것으로, 발효 결과 유기물질이 많이 생성되는 특징이 있다.
③ 호기성발효 : 공기에 노출된 상태에서 미생물에 의해 일어나는 발효로, 항생물질 발효, 아미노산 발효 등이 있다.
④ 활성오니법 : 폐수처리시 교반과 함께 산소를 공급하여 호기성세균 등을 증식시키고 폐수 중에 유기물을 분해시켜 미세한 면모상의 응집물을 생성, 침전시키는 방법이다.

9 조단백질이 20% 이상이면 단백질사료로 분류된다. 동물성 단백질사료에는 어분, 우모분, 육골분 등이, 식물성 단백질사료에는 콩깻묵, 유채깻묵, 들깻묵(임자박) 등이 있다.

10 ② 비육 후기에 접어들면 농후사료를 자유채식 시키고 조사료를 점차 줄여 주어 상대적으로 발육이 덜 된 부분을 보상성장 하도록 해야 한다.

11 어떤 사료의 조단백질 함량이 건물기준으로 20%이었고, 급여상태 기준으로 19%이었다. 이 사료의 실제 건물함량[%]은?

① 85
② 90
③ 95
④ 100

12 육계용 병아리의 빠른 성장을 위해 급여하는 고에너지 사료를 하절기에 피해야 하는 이유로 옳은 것은?

① 유지를 사용하여 사료의 산패가 빠르게 진행될 수 있다.
② 분내 암모니아 가스가 증가하여 계사 내 환경이 나빠진다.
③ 에너지 함량이 높아 사료 보관 중 곰팡이 발생이 증가한다.
④ 수분 섭취량이 증가하여 사료섭취량이 감소한다.

13 환경온도가 산란계의 사양관리에 미치는 영향에 관한 설명으로 옳지 않은 것은?

① 환경온도가 올라가면 음수량이 증가하고, 온도가 내려가면 음수량이 감소한다.
② 환경온도가 높아지면 사료섭취량이 감소하므로, 사료 내 에너지 이외의 영양소함량을 높여주어야 산란능력을 유지할 수 있다.
③ 환경온도가 상부임계온도까지 상승함에 따라 체온유지를 위한 에너지 요구량이 저하되어 사료섭취량이 감소한다.
④ 고온하에서는 사료의 에너지 수준을 감소시키고 사료섭취량을 늘려 에너지 섭취량을 증가시킬 수 있다.

ANSWER 11.③ 12.① 13.④

11 $\text{건물함량} = \frac{\text{급여상태기준함량}}{\text{건물기준함량}} \times 100(\%) = \frac{19\%}{20\%} \times 100(\%) = 95\%$

12 고에너지 사료에 지방분이 많기 때문에 습한 장마철에 사료가 산패되면 이로 인하여 병아리가 식중독에 걸릴 수 있다.

13 ④ 주변 온도가 높으면 유지에너지요구량이 상대적으로 적어지기 때문에 사료섭취량이 감소하게 된다.

14 한우나 비육우 송아지사양관리에서 새끼 따로 먹이기에 관한 설명으로 가장 적절한 것은?

① 이유체중 증가
② 조사료 위주 급여
③ 송아지 사료비용 절감
④ 추가적인 노동, 시설 및 관리 불필요

15 보조사료로 사용되고 있는 생균제용 균주의 선발 시 고려해야 할 사항을 모두 고르면?

> ㉠ pH 저항성
> ㉡ 유해균 성장 억제능력
> ㉢ 장내 상피세포 부착능력
> ㉣ 장내 미생물 균형 조절능력
> ㉤ 항생제 내성물질 생산 능력
> ㉥ 소화관내 메탄가스 생산 증진효과
> ㉦ 소화액 및 장관내용물의 흐름에 생장

① ㉠㉡㉢㉣
② ㉠㉢㉣㉤
③ ㉡㉢㉣㉥
④ ㉡㉢㉥㉦

16 젖소의 능력검정 시 인정하는 건유기간은?

① 60일
② 70일
③ 80일
④ 90일

ANSWER 14.① 15.① 16.①

14 ② 생후 4 ~ 5일경부터 부가적으로 양질의 조사료를 부가적으로 공급한다.
③ 송아지에 필요한 영양분을 고루 공급해야 하므로 비용 절감을 기대하기 어렵다.
④ 송아지 방을 따로 마련하여 안락한 환경을 조성하고 특별히 관리하는 것이 좋다.

15 생균제가 갖추어야 할 조건은 숙주에 대해 독성이 없고, 발육조건(pH, 온도)이 광범위하고, 유해세균에 대한 억제력이 있으며, 장 내에 잘 정착하여 장내균총을 정상화할 수 있어야 한다.

16 젖소의 이상적인 건유기간은 산유량면에서 볼 때 45일에서 70일 미만이 적당하다.

17 열증가량(HI)은 사료를 섭취한 후에 저작, 소화, 흡수, 대사, 이동 및 저장 등을 위하여 생산하는 열량으로 섭취하는 영양소에 따라 발생량이 다르다. 다음 중 열증가량(HI)이 가장 높은 영양소는?

① 물
② 지방
③ 단백질
④ 탄수화물

18 돼지의 사양관리에서 문제가 되는 설사, 변비를 방지 또는 완화하기 위하여 사료에 첨가하는 성분이 바르게 연결된 것은?

	설사	변비
①	산화마그네슘	염화칼륨
②	산화아연	산화마그네슘
③	황산아연	산화아연
④	염화칼륨	황산아연

19 반추동물의 제1위에는 무수한 미생물이 서식하고 있으며, 이들은 섭취된 사료나 영양소에 다양한 영향을 줄 수 있다. 다음 중 반추위 미생물의 작용에 최소한으로 영향을 받는 성분은?

① 섬유소 – 인산
② 불포화지방산 – 라이신
③ 요소 – vitamin K
④ 보호단백질 – 칼륨

20 분뇨 내 조단백질 함량이 가장 높은 축종은?

① 젖소
② 한우
③ 돼지
④ 육계

ANSWER 17.③ 18.② 19.④ 20.④

17 열량증가(HI ; heat increment) … 특이동적작용(SDA)이라고도 하며, 가축이 사료를 섭취하여 체내에서 이용하는 과정에서 소비되는 에너지 대사열, 발효열, 소화운동에서 발생되는 에너지 등으로 구성된다. 단백질을 섭취하는 경우의 HI가 가장 높다.

18 산화아연을 급여하면 세균성 설사병 및 부종병을 예방하는 데 효과가 있고, 산화마그네슘은 변비 증상을 완화하는 데 효과가 있다.

19 보호단백질(protected protein) … 반추동물의 위에 서식하는 미생물로 인한 분해 작용을 받지 않도록 보호시키는 단백질을 말한다.

20 일반적인 가축의 분뇨 내 조단백질 함량은 5% 내외이지만 육계의 경우에는 28% 정도의 높은 조단백질 함량을 보인다.

가축사양

2010. 5. 22. 제1회 지방직 시행

1 **가축사양에 관한 설명으로 옳지 않은 것은?**

① 가축은 인류가 야생동물을 순치, 개량한 것으로 주로 축산물과 노동력을 제공하는데 이용되어 왔다.
② 건강한 가축은 질병에 대해 천천히 반응을 보이며 질병이 지속되면 면역체계가 힘을 얻게 된다.
③ 가축에게 공급되는 사료는 가축생산성과 밀접한 관련이 있으며, 축종마다 사양표준이 정해져 있다.
④ 사양관리는 축산경영의 목표를 달성하기 위한 방법으로써 제한된 자원으로 최대의 수익을 얻을 수 있는 자원배분 과정이다.

2 **가축을 효과적으로 사육하기 위해 요구되는 식물체와 동물체의 화학적 조성에 관한 설명으로 옳지 않은 것은?**

① 식물체는 성장하면서 수분함량이 감소하고 조섬유 함량은 증가한다.
② 화본과 목초는 콩과 목초에 비해 조단백질과 칼슘함량이 높다.
③ 동물은 성장이 진행됨에 따라 체수분함량이 현저히 감소한다.
④ 성숙한 포유동물의 전형적인 체조성중에서 수분을 제외하고 지질이 가장 많다.

ANSWER 1.② 2.②

1 ② 건강한 가축은 병균이 침입했을 때 면역체계가 즉각 작동하여 병에 걸리지 않거나 빨리 낫게 된다.

2 ② 콩과 목초는 화본과 목초에 비해 조단백질과 칼슘함량이 높다.

3 **가축의 기초대사량을 측정하는 조건으로 옳지 않은 것은?**

① 유지 이외의 열생산을 증가시키는 기타 모든 요인을 제거하여야 한다.
② 쾌적한 환경온도를 유지한다.
③ 가축을 최소 8시간 절식시킨다.
④ 편한 자세로 쉬게 하면서 근육운동이 없는 정지상태에서 실시한다.

4 **지방이 탄수화물과 단백질에 비해 열량이 높은 이유는?**

① 탄소와 수소의 비율이 산소에 비하여 현저하게 높다.
② 탄소와 수소의 비율이 산소에 비하여 현저하게 낮다.
③ 탄소와 수소의 비율이 산소와 동일하다.
④ 지방이 상대적으로 열량이 높은 이유는 분자를 구성하는 탄소와 산소, 수소 비율과 상관없다.

5 **황함유 아미노산 또는 페놀고리형 방향(芳香)족 아미노산에 속하지 않는 화합물은?**

① Tyrosine
② Phenylalanine
③ Cysteine
④ Histidine

ANSWER 3.③ 4.① 5.④

3 ③ 소, 산양과 같은 반추동물의 경우 마지막 채식 후 48 ~ 72시간이 경과하여도 기초대사량 측정이 어렵다. 따라서 운동을 시키지 않고 아침사료를 급여하기 전에 측정하는 '안정대사량'을 주로 측정한다.

4 산소의 비율이 상대적으로 낮을수록 에너지 전환과정에서 더 많은 산화과정을 거치게 된다. 따라서 탄수화물과 단백질이 1g당 4kcal를 공급하는 것에 비해 지방은 1g당 9kcal를 공급할 수 있는 것이다.

5 티로신, 페닐알라닌은 페놀고리를 가지고 있으며, 시스테인은 황을 함유하고 있다.
④
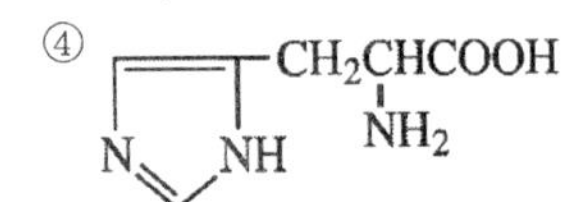

6 **농산부산물을 바탕으로 하는 사양체계에 관한 설명으로 옳지 않은 것은?**

① 농산부산물은 가공처리, 사일리지 저장 등이 어렵기 때문에 사용이 제한적이다.
② 곡류사료에 비해 상대적으로 영양가치가 낮기 때문에 저렴한 수확 및 저장방법이 요구된다.
③ 가축에게 적절한 급여량이 요구되며 부족한 영양소를 보충해 주어야 한다.
④ 저질 사료의 경우 주로 겨울철에 비육우와 같은 반추동물에게 제한적으로 사용된다.

7 **TDN과 조단백질 함량이 높으나 라이신 함량이 낮고 다량의 천연색소가 함유되어 있는 원료사료는?**

① 주정박
② 맥주박
③ 옥수수 글루텐
④ 혈분

8 **Van Soest의 탄수화물 분류법에 의하면 탄수화물은 세포내용물과 세포벽 구성 물질로 구분되며, 이 중 세포벽 구성 물질은 NDF(neutral detergent fiber)와 ADF(acid detergent fiber)로 나눌 수 있다. |NDF−ADF|의 결과로 남는 성분은?**

① Cellulose
② Lignin
③ Hemicellulose
④ Starch

ANSWER 6.① 7.③ 8.③

6 ① 농산부산물에는 다양한 종류가 있으며 각각에 알맞은 가공처리, 사일리지화 등을 통해 이용성을 높일 수 있다.

7 ① 주정박(술지게미)은 주류 생산 후 잔류하는 곡물찌꺼기를 분리하여 말린 것으로 단백질은 약 12% 정도이다.
② 맥주박은 주로 보리에서 전분과 당을 제거한 주류 생산의 부산물로 단백질이 약 27% 정도이다.
④ 동물의 혈액을 건조 분쇄시킨 동물성 유기질 비료로, 질소는 피브린, 알부민 등의 단백태이며 약 12% 함유되어 있다.

8 헤미셀룰로오스(hemicellulose) … 식물의 세포벽을 이루는 셀룰로오스 섬유의 다당류 중에서 펙틴질을 뺀 것으로, 자일란, 글루칸, 자일로글루칸, 글루코만난 등이 주성분이다.

9 비육돈 농장에서 돼지 1마리가 50일 동안 30kg의 사료를 섭취하였을 때, 일당 증체량이 1.2kg이었다. 이 돼지의 사료요구율은?

① 0.5 ② 1.0
③ 1.5 ④ 2.0

10 가축이 섭취한 사료로부터 얻은 에너지의 체내 이용 경로에 관한 설명으로 옳지 않은 것은?

① 분을 통해서 가장 많은 에너지가 손실된다.
② 총에너지의 이용과정에서 열에 의한 에너지 손실은 극히 일부분을 차지한다.
③ 단위동물에서 가스상태로 손실되는 에너지는 거의 없다.
④ 유지나 생산을 위하여 쓰이는 에너지의 효율은 반추동물에 비해 단위동물에서 높다.

11 가금의 영양소 이용에 관한 설명으로 옳은 것은?

① 가금에서 비타민 D는 D2의 형태로 요구되며, 식물성 유래의 비타민 D3는 대부분의 포유동물에서는 활성이 있지만, 가금에서는 활성이 매우 낮다.
② 사료 중 과잉의 칼슘은 인, 마그네슘, 망간, 아연과 같은 다른 무기질들의 이용성을 저해하므로 산란계에서는 칼슘과 비피틴태인의 급여비율을 2 : 1로 한다.
③ 필수지방산인 올레인산의 결핍시 음수량이 증가하고 수탉에서 정자생산이 저하되며, 계란 내 배아발달에 부정적인 영향을 미칠 수 있다.
④ 대부분의 가금 사료에서 곡류와 대두박은 에너지와 단백질의 주요 공급원이고, 이러한 사료에서는 methionine이 제1제한 아미노산이 된다.

ANSWER 9.① 10.② 11.④

9 $\text{사료요구율} = \dfrac{\text{사료섭취량}}{\text{체중증가량}} = \dfrac{30\text{kg}}{1.2\text{kg} \times 50\text{일}} = 0.5$

10 ② 열에 의한 에너지 손실률은 약 15% 정도로 결코 적지 않다.

11 ① 비타민 D_3가 아니라 비타민 D_2의 활성이 낮다.
② 칼슘과 인산이 2 : 1의 비율로 있으면 비타민 D 요구량이 최소화될 수 있다.
③ 음수량은 온도, 체중, 난중, 산란율, 일당 증체량 등 활동요구량과 비례하는 경향이 있다.

12 체중 1kg당 산소 소비량이 가장 높은 축종은?

① 소　　② 닭
③ 돼지　　④ 말

13 이유자돈의 관리항목으로 옳은 것은?

① 이유에 앞서 입질이 시작되는 3일후부터 이유기용 사료를 급여한다.
② 이유직후 자돈의 적정 환경온도는 24℃를 유지한다.
③ 이유시 체중은 평균 5kg 이상이어야 한다.
④ 이유자돈사는 적당한 습도인 60 ~ 80%를 유지하도록 한다.

14 착유우의 비육곡선과 체중변화 및 사료섭취량의 관계에 대한 설명으로 옳지 않은 것은?

① 분만 후 산유량은 40 ~ 60일경까지 계속 증가하여 최고 비유기에 도달하며, 이후 서서히 감소한다.
② 산유기간 중 사료섭취량은 분만 시 가장 많고, 최고 비유기 도달 시까지 섭취량이 감소하여 체중이 감소한다.
③ 산유초기의 에너지섭취량은 우유합성에 필요한 에너지량보다 적으므로 체내 축적에너지를 분해하여 보충한다.
④ 젖소는 분만 시에 건강상태가 좋아야 산유량이 많고, 비유초기에 줄어든 체중을 비유후기에 회복한다.

ANSWER 12.② 13.④ 14.②

12 닭의 1kg당 산소소비량은 한 시간에 739ml 정도로 다른 가축에 비해 2배 이상 높다.

13 ① 입질 훈련이 된 상태에서 최소한 분만 3주 뒤에 이유를 시작한다.
② 첫 일주일은 30℃를 유지하는 것이 좋다.
③ 체중이 최소 6kg 이상이어야 하고, 일반적으로 7kg일 때 이유를 시작한다.

14 ② 사료섭취량은 분만 초기에는 낮다가 3 ~ 6개월 후에 가장 높고 이후에 점차 낮아지는 특성을 보인다.

15 한우의 성장단계별 사양관리 방법으로 옳은 것은?

① 육성기간에 일반적으로 고열량, 저단백질 사료를 급여한다.
② 육성기간에 다량의 농후사료 급여는 반추위 발달을 촉진시키고 튼튼한 밑소를 만든다.
③ 비육기에는 고단백질의 농후사료를 다급한다.
④ 비육후기의 옥수수 사일리지 급여는 황색 지방의 형성에 기여한다.

16 양돈경영에 있어 생산성에 큰 피해를 주는 모돈의 번식장애를 일으키는 질병으로 옳지 않은 것은?

① 이유후전신소모성증후군(PMWS)
② 오제스키병(Aujeszky's disease)
③ 돼지생식기 · 호흡기증후군(PRRS)
④ 돼지파보바이러스감염증(PPV)

17 가축분뇨의 퇴비화 방법에 대한 설명으로 옳지 않은 것은?

① 가축분뇨의 퇴비화는 퇴비의 수분함량, 온도, pH, 통기성 및 입자크기 등이 관련되어 있다.
② 한우의 경우 최적 수분함량은 50 ~ 60% 범위이며, 40% 이하일 경우에는 미생물의 활성이 억제되고 발효가 느리게 진행되어 악취 발생의 원인이 된다.
③ 가축 분뇨의 통기성은 30% 이상 되어야 산소공급이 원활하고 미생물의 활성을 유지시킬 수 있다.
④ 가축분뇨는 수분함량이 높기 때문에 수분조절제를 사용하여 통기성을 높이므로 분뇨의 교반작업은 필요하지 않다.

ANSWER 15.④ 16.① 17.④

15 ① 육성기에는 발육이 활발하므로 단백질 함량이 높은 사료를 급여해야 한다.
② 농후사료보다는 조사료 위주로 공급해야 튼튼한 밑소를 만들 수 있다.
③ 비육기에는 조사료와 배합사료를 자유채식토록 하고 조사료는 제한할 필요가 있다.

16 PMWS … 6 ~ 16주(이유 후 2 ~ 3주)령의 이유돈에서 나타나며, 위축, 호흡기 증상, 소화기 증상을 보이고 폐사율이 높은 원인불명의 질환이다.

17 ④ 분뇨 교반작업을 거치면서 수분량을 조절하게 된다.

18 **분만 후 비유량이 급격히 증가될 때 흔히 발생하는 질병인 케톤증에 관한 설명으로 옳지 않은 것은?**

① 주요 케톤체에는 acetoacetate, β -hydroxybutyrate 및 acetone이 있다.

② 체내 지방의 분해가 촉진되어 간의 처리능력 이상으로 과량의 acetyl-Co A가 생성되어 케톤체가 되며, 케톤체가 이용될 수 있는 한도 이상 생성될 때 발생하는 질병이다.

③ 비정상적인 탄수화물의 대사작용에 기인하는 것으로 포도당 주사가 치료효과가 있다.

④ 지방 함량이 많은 사료와 비타민 B군의 과다섭취에 의해서 유발될 수 있다.

19 **비육우 성장발달의 생리적 특성에 관한 설명으로 옳지 않은 것은?**

① 생체구성성분은 근육 및 뼈 등의 지육부가 60%이며, 피부, 소화관 내용물, 혈액, 장기 등의 비지육부가 40% 정도이다.

② 출생 후부터 성장 시까지 성장발달을 보면 허리부분이 상대적으로 가장 높은 부위별 성장을 나타낸다.

③ 체지방은 신장지방, 피하지방, 근간지방, 근내지방 순서로 축적된다.

④ 비육기에는 근섬유의 증대와 조직내 지방축적이 주로 이루어진다.

ANSWER 18.④ 19.③

18 ④ 케톤증은 탄수화물을 충분히 섭취하지 못해서 생기는 질병이다.

※ 케톤증 … 동물의 체내에서 지방산이 산화분해하는 과정에서 생성되는 케톤체가 당뇨 · 기아 · 마취시 · 아시도시스 · 고지방 저탄수화물 급여 등에 의한 과잉으로 축적된 상태를 의미한다. 케톤체를 생성하기 쉬운 물질로는 지방산 외에 류신, 페닐알라닌, 티로신 등의 아미노산이 있으며, 뇌하수체 및 이자에서 분비되는 호르몬에 의하여 조절되고, 간의 글리코겐이 감소되면 생성된다. 혈액 및 소변 속의 케톤체의 양을 측정함으로써 진단할 수 있다. 케톤증의 치료방법으로는 글루코오스를 정맥 내에 대량으로 투여하거나 프로피온산나트륨을 경구 투여하는 것을 들 수 있다. 케톤체는 아세토아세트산 · β -옥시부티르산 · 아세톤 등의 물질을 총칭한다.

19 ③ 체지방은 신장지방, 근간지방, 피하지방, 근내지방 순서로 축적된다.

20 다음 표에 공통으로 들어갈 「축산법 시행령」에 따라 2016년 4월에 허가를 받아야 하는 가축사육업의 사육시설 면적으로 옳은 것은? (기출변형)

축산업등록대상 시설면적(단위 : m^2)

구분	소사육업	양돈업	양계업
면적	( ) 초과	( ) 초과	( ) 초과

① 50

② 100

③ 150

④ 200

ANSWER 20.①

20 허가를 받아야 하는 가축사육업〈축산법 시행령 제13조〉 … 축산법에서 "가축 종류 및 사육시설 면적이 대통령령으로 정하는 기준에 해당하는 가축사육업"이란 다음의 구분에 따른 가축사육업을 말한다.

㉠ 2015년 2월 22일 이전 : 다음의 가축사육업
- 사육시설 면적이 600제곱미터를 초과하는 소 사육업
- 사육시설 면적이 1천제곱미터를 초과하는 돼지 사육업
- 사육시설 면적이 1천400제곱미터를 초과하는 닭 사육업
- 사육시설 면적이 1천300제곱미터를 초과하는 오리 사육업

㉡ 2015년 2월 23일부터 2016년 2월 22일까지 : 다음의 가축사육업
- 사육시설 면적이 300제곱미터를 초과하는 소 사육업
- 사육시설 면적이 500제곱미터를 초과하는 돼지 사육업
- 사육시설 면적이 950제곱미터를 초과하는 닭 사육업
- 사육시설 면적이 800제곱미터를 초과하는 오리 사육업

㉢ 2016년 2월 23일 이후 : 사육시설 면적이 50제곱미터를 초과하는 소 · 돼지 · 닭 또는 오리 사육업

가축사양 | 2011. 5. 14. 제1회 지방직 시행

1 다음 그림은 한우의 월령별 성장특성을 나타낸 것이다. 각 단계에 대한 설명으로 옳은 것을 〈보기〉에서 모두 고른 것은?

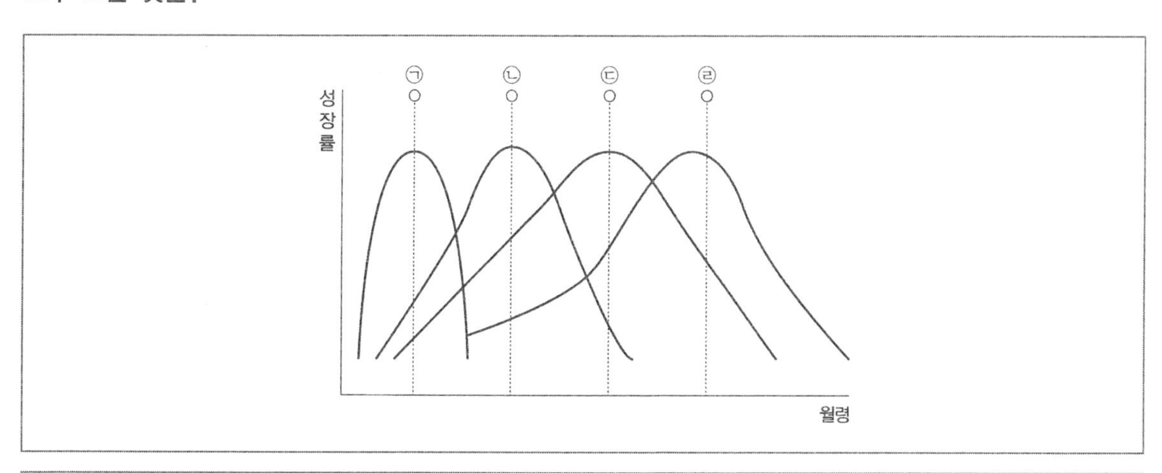

〈보기〉

가. ㉠단계에서는 신경 및 뇌의 발달이 일어난다.
나. ㉡단계에는 지방의 함량이 높은 사료를 급여한다.
다. ㉢단계에는 단백질의 함량이 높은 사료를 급여한다.
라. ㉣단계에는 칼슘(Ca)과 인(P)의 함량이 높은 사료를 급여한다.

① 가, 나
② 가, 다
③ 나, 다
④ 나, 라

ANSWER 1.②

1 ㉠ 육성기 ㉡ 비육 전기 ㉢ 비육 중기 ㉣ 비육 후기

나. 지방의 함량이 높은 사료를 급여하면, 지방 침착으로 인한 소화기관의 발달이 억제되고 반추위가 발달하지 못하게 될 수 있다.

라. 칼슘과 인 함량이 높은 사료를 급여하면 요결석증이 올 수 있다.

2 사료효율만을 고려할 경우 가장 효율적으로 동물성단백질 식품을 생산할 수 있는 축종을 순서대로 나열한 것은?

① 육계>돼지>육우
② 육계>육우>돼지
③ 돼지>육계>육우
④ 돼지>육우>육계

3 사일리지(silage) 조제의 장점이 아닌 것은?

① 저장시 기후 조건의 지배를 비교적 적게 받는다.
② 생초를 다즙질 상태로 저장하여 이용할 수 있다.
③ 부피가 작아 건초보다 저장 면적을 적게 차지한다.
④ 양건 건초에 비해 비타민 D의 함량이 높다.

4 불활성의 펩시노겐(pepsinogen)을 펩신(pepsin)으로 변성시킴으로써 활성을 갖는 물질과 관련된 광물질은?

① Cl
② Cu
③ Fe
④ Se

ANSWER 2.① 3.④ 4.①

2 사료효율이란 성장 중인 가축에 어떤 사료를 주었을 때, 증가하는 몸무게와 사료섭취량에 대한 비율로, 사료섭취율이 거의 같을 때에만 유효하게 비교된다. 증가한 몸무게 중 동물성단백질의 효율성만을 따질 경우 육계>돼지>육우의 순서로 나열할 수 있다.

3 사일리지란 수분함량이 많은 목초류 등의 사료작물을 사일로(한랭지대의 목초저장용 원탑형의 창고)에 진공 저장하여 유산균 발효시킨 다즙질사료이다.

※ 사일리지 사료의 장단점

㉠ 장점 : 건초에 비해 날씨의 영향을 적게 받고 기계화가 쉬우며 저장 손실이 적어서 경제적이다. 또한 대량의 사료를 균일한 품질로 저장이 가능하기 때문에 낙농에 알맞다.

㉡ 단점 : 무게가 무겁고 운송에 어려움이 따른다. 저장기술에 따라 편차가 나타나며 새어나온 즙으로 인한 오염의 우려가 있다.

4 위샘에서 분비되는 펩시노겐은 염산과 반응하여 펩신으로 변성되며, 단백질을 펩톤으로 분해한다.

5 **다음 그림은 사료에너지가 체내에서 이용되는 과정을 나타낸 것이다. 젖소의 유생산에 필요한 에너지 요구량을 구하기 위해서 어느 단계의 에너지를 측정해야 하는가?**

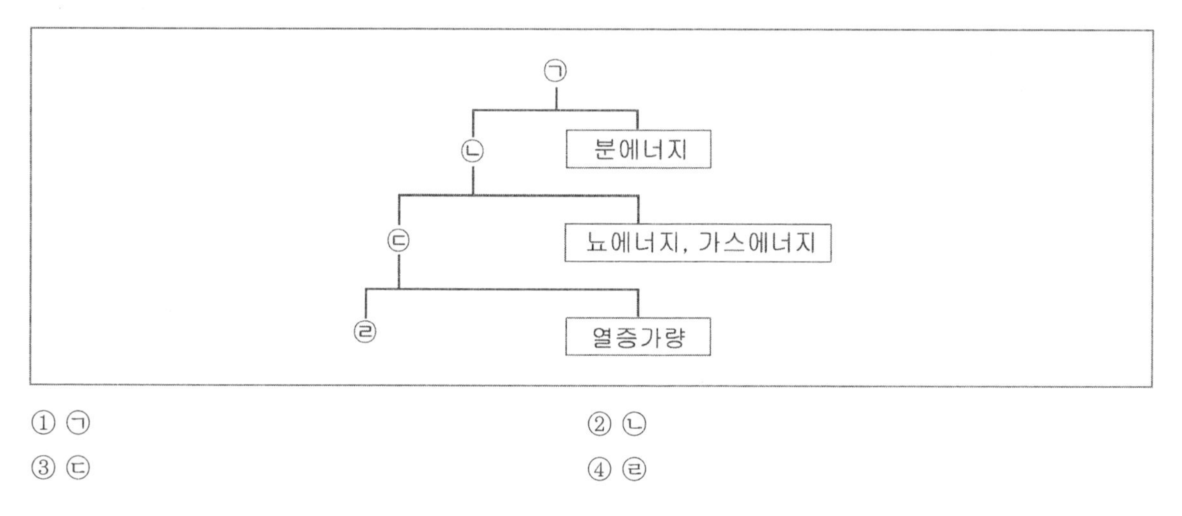

① ㉠
② ㉡
③ ㉢
④ ㉣

ANSWER 5.④

5 ㉠ 총에너지(GE ; gross energy) : 섭취한 사료가 갖고 있는 화학에너지 양으로, 사료가 완전 연소될 때 방출되는 열량이다. 봄 칼로리미터(bomb calorimeter)로 측정한다.

㉡ 가소화 에너지(DE ; digestible energy) : DE는 보통 (GE − FE)로 계산하는데 가소화 손실량이 포함된다. 소화에 영향을 미치는 요인들의 영향을 마찬가지로 받으며, TDN(가소화 양분총량)에서 지적되었던 대사과정에서 일어나는 추가적인 손실의 영향을 받는다.

㉢ 대사 에너지(ME ; metabolizable energy) : 섭취한 에너지 중에서 실제 사용가능한 부분으로 ME = DE − UE(뇨에너지) − GPD(소화 중의 가스형태 에너지 손실)로 구할 수 있다. 분과 뇨로 손실되는 부분과 반추동물에서의 가연성 가스 손실 등을 고려하므로 사료에너지 값의 정확성 면에 TDN이나 DE보다 한 단계 앞서 있다.

㉣ 정미 에너지(NE ; net energy) : 대사의 유지와 생산 등에 필요한 에너지로 NE = ME − HI로 계산한다.

6 다음과 같은 원료사료를 이용하여 육성돈사료를 배합하고자 한다. 라이신이 제1 제한 아미노산이 되는 경우는?

① 옥수수 + 콘글루텐밀 + 아마박 + 대두유
② 옥수수 + 가금부산물 + 카사바 + 혈분
③ 보리 + 옥수수 + 어분 + 육골분
④ 보리 + 대두박 + 육분 + 우지

7 사료내 칼슘(Ca)과 인(P)의 비율이 불균형을 이루거나, 규산염 혹은 수산염 등의 함량이 높을 경우 거세우에서 많이 발생할 수 있는 질병은?

① 간농양
② 유열
③ 케톤증
④ 요결석증

ANSWER 6.① 7.④

6 제한아미노산(limiting amino acid) … 단백질이 흡수된 후의 이용률에서 필수아미노산의 최적 비율로 보았을 때 상대적으로 부족한 필수아미노산이다. 식품이나 사료단백질에서 제한아미노산의 수는 보통 1~3개이지만, 양질의 동물성 단백질인 경우는 존재하지 않는다. 제한아미노산 중, 가장 부족 비율이 큰 것을 제1제한 아미노산(first limiting amino acid)이라고 하며, 순차적으로 제2제한 아미노산, 제3제한 아미노산이라고 한다. 일반적으로 곡류는 제1제한 아미노산이 라이신, 제2제한 아미노산이 트레오닌이며, 콩류의 경우는 함황아미노산이 제1제한 아미노산인 경우가 많다.

7 요결석증
㉠ 원인 : 칼슘과 인의 불균형, 조기 거세에 따른 요도 발육부전, 비타민 A의 결핍 등
㉡ 증상 : 생식기 주변 털의 결석 형성, 통증과 잦은 배뇨 시도, 산통증상
㉢ 예방 및 치료 : 칼슘과 인을 1.5 : 1의 비율로 조정 급여, 충분한 음수 급여 및 염화암모늄과 비타민 A급여

8 **산란계의 점등관리에 대한 설명으로 옳은 것을 모두 고른 것은?**

㉠ 계군이 50% 산란을 할 때에는 12시간 이하로 점등한다. ㉡ 일조시간 증가를 모방하여 점등시간을 점차로 증가시킨다. ㉢ 산란기간 중 한번 연장된 점등시간은 절대로 줄여서는 안 된다. ㉣ 점등관리를 함으로써 Follicle Stimulating Hormone의 분비를 억제한다.

① ㉠㉢
② ㉡㉢
③ ㉡㉣
④ ㉡㉢㉣

9 **반추동물의 조사료 입자 크기, 섭취량 및 소화율에 대한 설명으로 옳지 않은 것은?**

① 조사료 입자의 크기가 감소할수록 유지방의 함량이 감소한다.
② 조사료 입자의 크기가 감소할수록 조섬유의 섭취량이 증가한다.
③ 조사료 입자의 크기가 감소할수록 조사료의 소화율이 증가한다.
④ 조사료의 입자 크기가 감소할수록 반추위 pH가 감소한다.

ANSWER 8.② 9.③

8 ㉠ 계군이 50% 산란을 할 때에는 최소 14시간 이상 점등하여야 한다.
㉣ FSH는 난포자극호르몬으로 닭에 대한 광선의 자극은 시신경을 통해 뇌하수체 전엽을 자극하여 FSH을 분비시킨다. FSH는 난소의 난포를 발육시키며 전엽에서 분비되는 황체형성호르몬(LH ; luteinizing hormone)과 함께 작용하여 배란을 촉진한다.

9 ③ 일반적으로 분쇄를 통해 사료의 입자 크기를 작게 만들면 소화효소와 접촉하는 면이 증가하여 소화율을 증대시키는 것이 맞지만, 반추동물의 경우 사료의 입자 크기는 소화율에 큰 영향을 미치지 않는 것으로 알려져 있으며 젖소의 경우 오히려 산유량 및 유지방 함량을 감소시키는 경향이 있다.

10 돼지의 사양관리에서 강정사양(flushing)의 효과가 아닌 것은?

① 건강 개선
② 배란율 증가
③ 분만시간 단축
④ 배아 생존율 증가

11 일부 원료사료 중에는 항영양인자가 있어 축종에 따라 사용에 제한을 받는 경우가 있다. 원료사료와 항영양인자의 연결이 옳지 않은 것은?

① 수수 – tannin
② 면실박 – gossypol
③ 아마박 – linamarin
④ 대두박 – glucosinolate

12 물리적 요인에 의해 사료단백질의 변성이 유도되지 않는 사료의 가공방법은?

① Baling
② Flaking
③ Extruding
④ Micronizing

ANSWER 10.③ 11.④ 12.①

10 강정사양(flushing) … 교배하기 전에 에너지 섭취량을 증가시켜 주는 것
※ 강정사양의 효과
㉠ 건강 개선
㉡ 배란율 증가
㉢ 배아 생존율 증가

11 ④ 대두박은 아미노산의 조성이 우수하기 때문에 훌륭한 단백질 공급원이다. 그러나 대두에는 trypsin inhibitor, hemaglutinin, allergen 등과 같은 항영양인자들이 들어 있어, 이들을 효과적으로 제거하지 않으면 영양소들을 효율적으로 이용할 수 없다.

12 ① 압축시켜 한 덩어리를 만드는 방법으로 사료단백질의 변성이 유도되지는 않는다.
② 곡류를 증기처리 한 것 또는 가압하여 증기처리 한 것을 롤러에 넣고 0.01 ~ 0.03㎝ 두께로 박편을 만든 것을 말한다. 젤라틴화가 이루어져 소화율이 향상된다.
③ 건조된 원료를 열과 압력을 가하여 나선형 모양의 통로를 통과시킨 다음 급격히 공기 중에 배출시켜 가볍게 만든다. 이 과정에서 구멍이 형성되기도 하며 비중이 낮아져 물에 떠 있는 시간이 길므로 양어용 사료에 주로 사용된다.
④ 건조된 곡류를 적외선으로 100 ~ 150℃로 가열처리한 것을 롤러에 떨어뜨려 나선형으로 누른 것을 말한다. 이 때 곡류는 다소 부풀어 오르고 젤라틴화 된다.

13 사료가치를 생물학적으로 평가하는 방법 중 옳은 것은?

① 생물가 $= \frac{\text{단백질축적량}(g)}{\text{단백질섭취량}(g)}$

② 사료효율 $= \frac{\text{사료섭취량}(kg)}{\text{증체량}(kg)}$

③ 단백질효율 $= \frac{\text{증체량}(g)}{\text{단백질흡수량}(g)}$

④ 영양률 $= \frac{\text{가소화영양소총량} - \text{가소화조단백질}}{\text{가소화조단백질}}$

14 조사료를 van Soest 분석방법에 의해 분석할 경우 Neutral Detergent Soluble(NDS) 분획에 포함되지 않는 것은?

① 글루코스(glucose)
② 스타치(starch)
③ 셀룰로스(cellulose)
④ 말토스(maltose)

ANSWER 13.④ 14.③

13
① 생물가 $= \frac{\text{체내에 축적된 단백질양(또는 질소량)}}{\text{흡수된 단백질양(또는 질소량)}}$

② 사료효율 $= \frac{\text{증체량}}{\text{사료섭취량}}$

③ 단백질효율 $= \frac{\text{증체량}}{\text{단백질 섭취량}}$

14 vas Soest는 목초를 비교적 소화가 잘 되는 부분과 그렇지 않은 부분으로 나눌 수 있는 화학적 방법을 개발하였다. 식물체의 성분 중 중성세제 용액에 잘 녹는 부분 주로 세포 내용물(당, 전분, 용해성 탄수화물, 펙틴, 단백질, NPN, 지질, 비타민 등)은 반추동물이 거의 완전히 소화할 수 있지만, 이 밖에 성분 즉, 세포벽을 구성하는 물질(셀룰로스, 헤미셀룰로스, 리그닌, 실리카, 열변성된 단백질)은 대개 소화율이 낮다.

15 **착유우의 사양관리에 있어서 건유에 대한 설명으로 옳지 않은 것은?**

① 건유초기에는 유방염 발생 위험도가 가장 낮다.
② 태아의 발육에 필요한 영양소를 집중적으로 공급하기 위하여 건유를 실시한다.
③ 건유기간은 건유 대상우의 건강상태에 따라 좌우되나 분만 전 50 ~ 60일이 적당하다.
④ 젖소가 임신말기에 도달하면 우유생산량이 적어지므로 차기 우유생산을 위한 준비기간으로 건유가 필요하다.

16 **닭의 강제 환우에 대한 설명으로 옳지 않은 것은?**

① 강제 환우는 장기간 산란 후 닭에게 휴식을 제공하는 수단으로 이용된다.
② 강제 환우 기간 중에는 절수, 절식 등에 의한 스트레스를 주지 않는다.
③ 강제 환우 후 생산된 계란은 산란후기에 생산된 계란에 비하여 난중과 난각의 질이 개선된다.
④ 강제 환우는 계획에 의해 환우기간을 6 ~ 8주 이내로 단축시켜 다시 산란주기가 시작되도록 유도한다.

ANSWER 15.① 16.②

15 ① 건유초기에는 유방염 발생 위험도가 높아 이를 예방하기 위해 유방염 연고를 각 유두에 주입하고 유두침지소독을 실시해야 한다.

16 ② 강제 환우란 산란중인 닭을 인공적으로 털갈이시켜 휴산하게 하고 털갈이 후의 산란율·수정률 및 부화율을 향상시키는 일로, 강제환우 방법은 절식·절수에 의한 방법, 질식에 의한 방법, 일조시간의 변화에 의한 방법, 사료의 질을 떨어뜨리는 방법 등이 있다.

17 농가에서 섬유질배합사료(TMR)를 제조하여 급여할 경우의 장점을 모두 고른 것은?

> ㉠ 우군이 작을수록 실행하기 용이하다.
> ㉡ 편식으로 인한 대사성질환의 위험을 감소시킬 수 있다.
> ㉢ 작업의 표준화로 사료 급여에 따른 노동시간을 단축할 수 있다.
> ㉣ 농가부산물 및 식품부산물의 활용을 통하여 사료비를 절약할 수 있다.
> ㉤ 잘못된 사료배합으로 인한 번식장애, 대사성질환, 과비 등의 발생가능성이 없다.
> ㉥ 사료배합을 위해 공급되는 원료사료의 성분 분석이 용이하다.

① ㉠㉡㉢ ② ㉡㉢㉣
③ ㉢㉣㉤ ④ ㉣㉤㉥

ANSWER 17.②

17 섬유질배합사료(TMR) … 조사료와 농후사료를 잘 섞어 급여하는 방식

※ 섬유질배합사료의 장단점

㉠ 장점
- 선택채식 없이 전사료 섭취
- 기호성의 증진으로 선물섭취량이 증가하며 이에 따른 생산성 증가
- 농후사료의 일시 다량섭취를 방지하여 반취위내 pH의 지나친 저하 방지
- 조사료의 섭취량이 증가하여 대사이상 감소
- 젖소의 경제적 수명 조기단축 예방
- 기호성이 낮은 사료 또는 첨가제의 이용 용이
- 생력관리(省力管理) 가능

㉡ 단점
- 우군의 규모가 적을 때에는 실용이 어려움
- 사료의 배합 등에 기계비용 과다
- 볏짚, 건초 등의 배합이 어려움
- 계류식 우사에서는 적용하기 힘듦
- 분만 직후의 소와 고능력우에 대한 관리가 어려움
- 사료 입자의 크기 차이가 심할 경우 분리섭취의 우려

18 돼지가 100g의 사료를 섭취하여 분으로 25g을 배설하였다. 사료의 지방함량이 5%이고, 분의 지방함량이 8%일 경우 사료지방의 외관소화율(apparent digestibility)은? (단, 사료 및 분의 중량과 지방의 성분함량은 건물기준임)

① 15%
② 40%
③ 60%
④ 75%

19 돼지의 장관내에서 특정 아미노산을 황화수소(H_2S)나 스캐톨(Skatole)과 같은 인돌(Indole)화합물로 전환되어 분뇨의 악취를 유발한다. 황화수소(H_2S)로 전환되는 아미노산과 인돌(Indole)로 전환되는 아미노산을 바르게 연결한 것은?

	H2S	Indole
①	Cystine	Serine
②	Cysteine	Lysine
③	Glycine	Isoleucine
④	Methionine	Tryptophan

20 동물의 체내에서 광물질이 수행하는 생리적 기능에 대한 설명으로 옳지 않은 것은?

① 마그네슘(Mg)은 ATP 합성에 관여한다.
② 크롬(Cr)은 효소단백질합성에 관여한다.
③ 칼륨(K)은 포도당의 이동에 관여한다.
④ 나트륨(Na)은 포도당의 이동에 관여한다.

ANSWER 18.③ 19.④ 20.②

18

$$\text{외관소화율}(\%) = \frac{\text{영양소 섭취량}(g) - \text{분 중의 영양소}(g)}{\text{영양소 섭취량}(g)} \times 100$$

$$= \frac{(\text{사료 무게}(g) \times \text{사료 영양소}(\%)) - (\text{분의 무게}(g) \times \text{분의 영양소}(\%))}{(\text{사료 무게}(g) \times \text{사료의 영양소}(\%))} \times 100$$

$$= \frac{(100 \times 5) - (25 \times 8)}{100 \times 5} \times 100 = 60(\%)$$

19 ④ 메싸이오닌(methionine)과 트립토판은 필수아미노산으로 각각 황화수소와 인돌로 전환되어 분뇨의 악취를 유발한다.

20 ② 효소단백질합성에 관여하는 광물질은 인(P), 아연(Zn) 등이다.

※ 크롬(Cr)의 주요 역할

㉠ 인슐린의 활성을 향상시켜 당조절 작용을 돕는다.
㉡ 혈중 콜레스테롤 수치를 떨어뜨린다.
㉢ 신체조직에 지방이 침착되는 것을 억제한다.

가축사양	2014. 6. 28. 서울특별시 시행

1 다음 중 단백질에 대한 설명으로 옳은 것은?

① 주된 에너지 공급원이다.
② 탄수화물로부터 아미노산의 합성이 불가능하다.
③ 소화, 흡수 후 림프를 통해 간으로 이송된다.
④ 평균 질소 함량은 16%이다.
⑤ 단백질의 소화가 처음으로 이루어지는 곳은 소장이다.

2 축산식품에 함유되어 있는 불포화지방산은 포화지방산에 비해 인체의 건강에 유익한 지방산으로 알려져 있다. 다음 중 불포화지방산이 아닌 것은?

① 리놀렌산(linolenic acid)
② 올레산(oleic acid)
③ 리놀레산(linoleic acid)
④ 아라키돈산(arachidonic acid)
⑤ 스테아르산(stearic acid)

ANSWER 1.④ 2.⑤

1 ① 주된 에너지 공급원은 탄수화물이다.
② 비필수 아미노산은 합성이 가능하다.
③ 단백질은 소장에서 아미노산의 형태로 흡수되며, 흡수된 아미노산은 혈액에 녹아 혈관을 타고 몸 전체의 세포로 전달된다.
⑤ 단백질의 소화가 처음으로 이루어지는 곳은 위이다.

2 ⑤ 스테아르산은 탄소수 18의 포화 고급지방산이다.

3 다음 중 포도당신합성(gluconeogenesis)을 위한 기질로 이용되지 않는 것은?

① 젖산(lactate)
② 초산(acetate)
③ 알라닌(alanine)
④ 글리세롤(glycerol)
⑤ 프로피온산(propionate)

4 돼지와 다르게 닭에서 추가되는 필수아미노산은?

① 글라이신(glycine)
② 아르기닌(arginine)
③ 메치오닌(methionine)
④ 라이신(lysine)
⑤ 시스테인(cysteine)

5 송아지의 위에서 분비되는 소화효소로 우유를 응결시키는 역할을 하는 효소는?

① 펩신(pepsin)
② 아밀라제(amylase)
③ 셀룰라제(cellulase)
④ 리파제(lipase)
⑤ 레닌(rennin)

ANSWER 3.② 4.① 5.⑤

3 포도당신합성 … 뇌, 적혈구, 부신수질 등은 혈당을 에너지원을 사용하므로 혈당이 저하되면 당 신생합성이 증가하여 혈당을 조절한다. 이 때 간이나 신장에서 아미노산(아미노산→글루탐산→알라닌), 글리세롤, 피부르산, 젖산, 프로피온산 등을 이용하여 포도당이 합성되는데 이를 포도당신합성이라 한다.

4 ① 글라이신은 돼지와 다르게 닭에서 추가되는 필수아미노산이다.
※ 글라이신 … 단맛이 나는 무색 결정의 아미노산으로 글리신이라고도 하며 분자식은 H_2NCH_2COOH이다. 단백질을 구성하는 아미노산 가운데서 가장 간단한 물질로 육류를 비롯하여 널리 분포한다.

5 레닌 … 송아지의 제4위에 존재하는 단백질분해효소로 국제효소명명법에서는 키모신이라 한다. 카세인을 응고시키기 때문에 응유효소라고도 한다.

6 다음 중에서 필수아미노산들로 짝지어진 것을 고르시오.

① 타이로신(tyrosine), 메치오닌(methionine), 글루타민(glutamine)
② 시스테인(cysteine), 아르기닌(arginine), 알라닌(alanine)
③ 글라이신(glycine), 세린(serine), 프롤린(proline)
④ 트립토판(tryptophan), 메치오닌(methionine), 라이신(lysine)
⑤ 히스티딘(histidine), 라이신(lysine), 세린(serine)

7 영양소의 체내 대사과정에서 발생하는 베타-산화(β -oxidation)는 어떤 영양소의 대사과정에서 발생하는가?

① 비타민
② 단백질
③ 지방
④ 탄수화물
⑤ 광물질

8 반추가축에게 급여하는 사료 중 조사료의 비율이 높아지면 반추위의 휘발성 지방산 중 어떤 성분의 함량이 증가하는가?

① 프로피온산
② 낙산
③ 초산
④ 젖산
⑤ 개미산

ANSWER 6.④ 7.③ 8.③

6 필수아미노산에 대한 견해
㉠ 인체에서 전혀 합성되지 못하는 아미노산 : 발린(Valine), 트립토판(Tryptophan), 류신(Leucine), 라이신(Lysine), 아이소류신(Isoleucine), 메치오닌(Methionine), 트레오닌(Threonine), 페닐알라닌(Phenylalanine)
㉡ 인체에서 합성되기는 하지만 그 양이 충분하지 않은 아미노산 : 히스티딘(Histidine)
㉢ 인체에서 합성되며 성인에게서는 그 양이 충분하지만 성장기 어린이에게는 체내 합성량만으로는 부족한 아미노산 : 시스테인(Cystein), 타이로신(Tyrosine), 알지닌(Arginine)

7 베타-산화 … 지방산대사의 경로로 β 위치의 탄소원자가 연속적으로 산화됨으로써 지방산이 아세틸-CoA로 산화적으로 분해되는 것을 말한다.

8 ③ 조사료의 비율이 높아지면 초산의 함량이 증가한다.
※ 조사료의 역할
㉠ 조사료는 반추가축의 소화기관을 정상적으로 성장시키고 기능을 유지시킨다.
㉡ 농후사료와 조사료는 물리성, 사료가치가 달라 서로 대체될 수 없다.
㉢ 조사료의 재배는 가축분뇨의 환원과 사료의 생산이라는 순환형 축산의 기틀이 된다.

9 닭의 소화기관 중 사료를 임시 저장 및 발효시키는 역할을 하는 곳은?

① 선위
② 소낭
③ 근위
④ 담낭
⑤ 식도

10 반추동물의 소화기관 중 펩신(pepsin)과 염산(HCl)을 분비하는 기관은?

① 제1위
② 제2위
③ 제3위
④ 제4위
⑤ 췌장

11 다음 중 소화율 간접측정법에서 소화되지 않는 표시물로 가장 많이 사용하는 화학물질은?

① 산화아연
② 산화크롬
③ 산화구리
④ 산화마그네슘
⑤ 산화망간

ANSWER 9.② 10.④ 11.②

9 소낭 … 식도에 이어진 부분으로서 얇은 벽이 부풀어서 먹이를 일시 저장하는 장소로 소화는 일어나지 않는다. 곡식을 먹는 조류에 특히 발달되어 있다.

10 ④ 펩신과 염산은 제4위에서 분비된다.

※ 반추동물의 위
- ㉠ 제1위(혹위) : 미생물이 공생(共生)하고 있어서 풀의 거친 셀룰로스를 분해한다.
- ㉡ 제2위(벌집위) : 내벽이 벌집같이 구획되어 있는데 여기에서 음식물이 뭉쳐져 다시 입으로 되돌아간다.
- ㉢ 제3위(겹주름위) : 재차 씹은 음식물은 겹주름위로 들어가 잘게 부서져 주름위로 들어가 소화된다.
- ㉣ 제4위(주름위) : 위선으로부터 위액이 분비된다. 단백질이 산성용액으로 분해된다.

11 ② 소화율 간접측정법의 표시물로 가장 많이 쓰이는 화학물질로는 산화크롬(Cr_2O_3)이 있다.

※ 소화율 간접측정법 … 사료 내에 소화되지 않는 일정량의 표시물을 혼합하여 급여한 후 수집된 사료 및 분내에 함유된 표시물 함량을 정량한다. 정량된 표시물 함량은 사료와 분 중에 함유된 각각의 영양소 함량을 같이 이용하여 영양소 각각에 대한 소화율을 계산한다.

12 에너지 대사과정에서 가소화에너지는 총에너지에서 어떤 에너지를 제외한 것인가?

① 가스에너지
② 분에너지
③ 뇨에너지
④ 열에너지
⑤ 생산에너지

13 가소화영양소 총량(TDN)을 구하는 계산식에 포함되지 않는 인자는?

① 가소화 조단백질
② 가소화 가용무질소물
③ 가소화 섬유소
④ 가소화 조지방
⑤ 가소화 무기물

14 사료의 소화율을 측정하기 위하여 육성중인 돼지에게 사료3.0kg을 급여하였고, 분으로 배설된 양은 2.0kg이었다. 급여 사료의 건물소화율은 대략 얼마인가? (단, 사료의 건물함량은 90%, 분의 건물함량은 30%이며, 계산결과 소숫점 첫째자리에서 반올림한다)

① 70%
② 73%
③ 75%
④ 78%
⑤ 82%

ANSWER 12.② 13.⑤ 14.④

12 가소화에너지 … 동물이 섭취한 총에너지의 첫 손실 부분은 소화과정에서 소화되지 않고 그대로 분으로 배설되는 것이다. 따라서 총에너지에서 분에너지를 공제한 나머지를 가소화에너지라고 한다.

13 가소화 영양소총량 = 가소화 조단백질(%) + 가소화 가용무질소물(%) + 가소화 조섬유(%) + (가소화 조지방(%) × 2.25)

14
- 섭취한 건물량 $= 3.0 \times \frac{90}{100} = 2.7$
- 분으로 배출한 건물량 $= 2.0 \times \frac{30}{100} = 0.6$
- 건물소화율 $= \frac{(2.7-0.6)}{2.7} \times 100 = 77.777777\cdots \quad \therefore\ 78\%$

15 사료의 가공방법 및 그 특징에 대하여 설명한 것 중 옳지 않은 것은?

① 큐브(cube)사료 – 목건초 분말, 농업부산물 등에 당밀이나 글리세린 등을 혼합하여 장방형으로 고온 · 고압 하에서 성형시킨 사료이다.

② 크럼블(crumble)사료 – 펠렛(pellet)사료를 거칠게 분쇄한 것으로 기호성과 소화율을 개선시키지만 생산비가 비싸진다.

③ 펠렛(pellet)사료 – 가루사료를 고온 · 고압 하에서 단단한 알맹이 사료로 만든 것으로 기호성을 개선시키지만 가축의 편식을 야기할 수 있다.

④ 가루사료 – 모든 원료 사료의 입자를 일정한 크기로 분쇄한 사료이다.

⑤ 익스트루전(extrusion)사료 – 수분, 열 및 압력을 가한 후 공기중으로 배출하여 팽창시키는 가공법이다.

16 사료 원료 중 글루코시놀레이트(glucosinolate)가 함유되어 있어 가축의 갑상선에 영향을 미치며 그 외에도 erucicacid 등의 항영양인자를 함유하는 단백질 사료는 무엇인가?

① 채종박
② 페릴라박
③ 호마박
④ 대두박
⑤ 야자박

ANSWER 15.③ 16.①

15 ③ 펠렛팅한 사료는 취급과 관리가 용이하고 분진이 발생하지 않으며, 가축의 편식과 사료가 재분리되는 것을 방지하며, 영양적 가치와 기호성이 향상되어 사료 섭취시간이 단축되고 에너지 손실이 적은 장점이 있다.

※ 펠렛사료 … 펠렛(Pelleting)은 특수한 기계를 사용하여 가루상태의 농후사료, 또는 조사료 등에 증기를 불어 넣으면서 가압하여 환제 및 각형으로 만든 사료를 말한다.

16 ① 채종박은 유채로부터 기름을 짜고 남는 깻묵으로 클루코시놀레이트가 함유되어 있어 가축의 갑상선에 영향을 미친다.

17 다음 중 젖소의 비유기에 대한 설명으로 옳지 않은 것은?

① 비유 초기에는 에너지 음균형 상태이다.
② 비유 중기 이후 건물섭취량은 감소한다.
③ 비유 중기에 체충실지수(BCS)가 가장 높다.
④ 건유기는 60일 정도가 적당하다.
⑤ 건유기에는 과비하지 않도록 주의해야 한다.

18 한우에서 조직의 발육 순서를 바르게 나열한 것은?

① 신경→골격→지방→근육
② 신경→근육→골격→지방
③ 신경→골격→근육→지방
④ 골격→근육→지방→신경
⑤ 골격→신경→근육→지방

19 다음 중 옥수수와 대두박 위주의 산란계 사료에서 제1 제한아미노산은?

① 메치오닌(methionine)
② 알라닌(alanine)
③ 타이로신(tyrosine)
④ 글루타민(glutamine)
⑤ 나이아신(niacin)

20 다음 중 돼지의 적정 첫 교배 체중 및 첫 교배 일령이 알맞게 연결된 것은?

① 90~100kg, 180일
② 100~110kg, 200일
③ 110~120kg, 210일
④ 120~130kg, 220일
⑤ 130~140kg, 240일

ANSWER 17.③ 18.③ 19.① 20.⑤

17 체충실지수(BCS) … 유우는 비유 초기 사료섭취량 저하로 체중과 체충실지수를 유지하기 어렵다.

※ 체충실지수 목표치

㉠ 건유 종료 시 : 2.5~3.0
㉡ 분만 시 : 2.5~3.0
㉢ 분만 후 8~10주 : 2.0~2.5

18 ③ 한우는 신경→골격→근육→지방의 순서로 조직이 발육된다.

19 제한아미노산은 사료 단백질을 구성하는 아미노산 중 동물의 요구량에 대해 부족하기 쉬운 아미노산으로 대두박, 옥수수, 보리, 밀 등은 메치오닌이 제1 제한아미노산이다.

20 ⑤ 돼지의 첫 교배 일령은 240일 경이 적정하며, 체중은 130~140kg이 알맞다.

가축사양	2015. 6. 13. 서울특별시 시행

1 다음 중 유지율이 가장 높은 젖소품종을 고르면?

① 홀스타인(Holstein)
② 저지(Jersey)
③ 건지(Guernsey)
④ 브라운 스위스(Brown Swiss)

2 다음 중 사료 내 탄수화물에 관한 설명으로 옳지 않은 것은?

① 조섬유는 헤미셀룰로오스, 셀룰로오스, 불용성 리그닌 등으로 구성된다.
② 가용무질소물은 주로 쉽게 용해되는 탄수화물인 당류와 전분으로 구성되어 있다.
③ 총 식이섬유는 수용성과 비수용성으로 펙틴, 셀룰로오스 등이 있다.
④ ADF시약으로 용해되고 남은 성분으로 셀룰로오스, 헤미셀룰로오스, 리그닌이 들어있다.

ANSWER 1.② 2.④

1 ② 저지종의 유지율은 평균 5%로 매우 높고 지방구가 커서 주로 버터를 만드는 데 쓰인다.
① 홀스타인종의 유지율은 평균 3.5%로 낮은 편이다.
③ 건지종의 유지율은 5% 전후이다.
④ 브라운 스위스종의 유지율은 약 3.4~4.3%이다.

2 ④ ADF시약에 분해되지 않는 성분으로는 셀룰로오스(cellulose), 리그닌(lignin), 실리카(silica) 등이 있다. 헤미셀룰로오스(hemi-cellulose)는 ADF시약에 분해되며, NDF시약에 분해되지 않는다.

3 제품으로 생산된 섬유질 배합사료의 수분 함량이 40%이며 조단백질 함량은 12%이다. 건물기준으로 섬유질 배합사료 내 조단백질 함량은?

① 15 ② 20
③ 25 ④ 30

4 다음 중 비타민D에 관한 설명으로 옳지 않은 것은?

① 닭에서 비타민 D_2의 역가는 D_3보다 높다.
② 포유동물에서 비타민 D_2와 D_3의 역가는 동일하다.
③ 비타민 D는 혈중 칼슘농도를 정상으로 유지시킨다.
④ 결핍되면 골다공증, 구루병이 발생한다.

5 가금의 소화관과 기능에 대한 설명으로 옳은 것은?

① 부리에 치아가 존재하며, 혀와 타액선을 가짐
② 소장은 락타아제를 포함한 포유동물에 존재하는 대부분의 효소를 분비함
③ 선위에서는 소화효소가 분비되지 않음
④ 포유류가 1개의 맹장을 가지는 데 비해 가금의 소화관에는 2개의 끝이 막힌 주머니가 존재함

ANSWER 3.② 4.① 5.④

3 $60 : 12 = 100 : x$
$60x = 1200$
$\therefore x = 20$

4 ① 닭에서는 비타민 D_3의 역가는 D_2보다 높다.

5 ① 부리에 치아가 없다.
② 가금의 소장에서 영양소 소화 및 흡수작용은 단위동물의 소장에서의 흡수작용과 거의 유사한 것으로 알려져 있으나 소장점막 흡수세포에는 락타아제가 존재하지 않는 것으로 알려져 있다.
③ 선위에서는 펩시노겐과 염산이 분비된다.

6 **자궁 및 태반에서 분비되는 호르몬으로 골반 결합과 골반인대 이완에 관계하는 호르몬은?**

① estrogen
② androgen
③ relaxin
④ progesterone

7 **다음 영양소 중 능동흡수에 의하여 흡수되는 영양소가 아닌 것은?**

① 갈락토오스
② 글루코오스
③ 5탄당
④ 아미노산

8 **가금사료에서 인의 기능에 속하지 않는 것은?**

① 체내 삼투압 유지
② 에너지 이용
③ 세포구조 성분
④ 골격 형성

9 **돼지에서 소장의 부위에 속하지 않는 것은?**

① 십이지장
② 공장
③ 회장
④ 결장

ANSWER 6.③ 7.③ 8.① 9.④

6 relaxin … 임신 중에 주로 난소의 황체에서 생산 분비되어 자궁근의 수축억제, 골수의 여러 인대의 이완, 자궁경관의 연화 등의 작용을 한다.

7 갈락토오스, 글루코오스, 아미노산 등은 능동흡수에 의하여 흡수된다.
※ 능동흡수 … 능동수송에 의해서 농도경사에 거슬러 흡수하는 것으로, 수동흡수에 비해 선택적이고 효율적이지만 에너지를 필요로 한다는 특징이 있다.

8 ① 체내 삼투압 유지는 나트륨의 기능이다.
※ 인의 기능
㉠ 에너지 이용
㉡ 세포구조 성분
㉢ 골격 형성

9 ④ 결장은 대장 부위에 해당한다.

10 다음 중 사료를 바르게 분류하지 않은 것은?

① 강피사료 – 밀기울, 보릿겨
② 근괴사료 – 메밀, 조, 귀리
③ 단백질사료 – 대두박, 면실박, 채종박
④ 곡류사료 – 옥수수, 수수, 밀

11 가금의 주요 영양성 질병에 대한 설명이다. 옳지 않은 것은?

	질병명	결핍 원인	주요 증상
①	구루병	비타민 D 부족 비타민 D와 칼슘, 인의 불균형	보행불량, 식욕부진
②	뇌연화증	비타민 K 부족	소뇌에 암적색의 부분이 산재
③	근육위축증	비타민 E와 함유황 아미노산 부족	근육의 변성
④	건이탈증	망간, 콜린 부족	골 형성의 이상, 건의 이탈

12 돼지에게 생균제를 급여한 효과로 옳지 않은 것은?

① 유기산 생산
② 항생물질, 효소생성 및 비타민 합성
③ 장 내에서 유해균과 공존
④ 독성물질분해 및 악취방지

ANSWER 10.② 11.② 12.③

10 ② 근괴사료의 예로는 고구마, 무, 당근, 타피오카 등이 있다.

11 ② 뇌연화증은 비타민 E 결핍으로 인하여 나타나는 질병이다.

12 ③ 양돈용 생균제는 주로 강한 산생성력과 병원성 세균의 억제력이 뛰어나다. 장 내에서 유익한 미생물과 공존하며 동물의 건강을 증진시키고 성장을 촉진시킨다.

13 병아리 사육 시 계사 내 습도가 높을 경우 나타나는 현상으로 옳은 것은?

① 가슴 부위에 수포가 발생하여 상품가치를 낮게 하며 성장이 지연된다.
② 기생충에 의한 기력쇠약 및 전염병이 발생되기 쉽다.
③ 피부 온도가 상승하고, 호흡수와 음수량이 증가한다.
④ 활력 및 식욕 감퇴로 인하여 발육이 불량해지며, 닭의 호흡기 점막을 자극하여 각종 호흡기 질환을 유발한다.

14 송아지의 제각에 관한 설명으로 옳지 않은 것은?

① 제각은 송아지의 투쟁성을 없앤다.
② 제각은 송아지의 관리를 용이하게 한다.
③ 제각 후 송아지를 격리시킨다.
④ 제각의 시기는 보통 7~10주령에 실시한다.

15 소의 거세에 대한 설명으로 옳지 않은 것은?

① 육질이 향상된다.
② 성장률이 빠르다.
③ 성질이 온순해진다.
④ 사료요구율이 증가한다.

ANSWER 13.① 14.④ 15.②

13 ① 병아리 사육 시 계사 내 습도가 높을 경우 가슴 부위에 수포가 발생하여 상품가치를 낮게 하며 성장이 지연되므로 적정 습도를 유지하는 것이 좋다.

14 ④ 송아지는 생후 1~2주 사이에 전기 제각기나 약품을 사용하여 제각을 실시한다.

15 소를 거세할 경우 성장률은 약간 둔화되지만 육질이 부드러워지고 성질이 온순해지며 사료요구율이 증가하는 등의 장점이 있다.

16 한우의 체구성별 발육상태에서 강한 발육을 보이는 부위는?

① 머리에서 목과 등, 허리로 향하는 부위
② 발끝에서 허리와 등의 상부쪽으로 향하는 부위
③ 엉덩이에서 요각으로 향하는 부위
④ 발목에서 엉덩이로 향하는 부위

17 젖소에서 발생하는 영양대사 장애에 속하지 않는 것은?

① 고창증
② 반추위 산중독증
③ 케토시스
④ 유방염

18 다음 중 세균성 인수공통전염병이 아닌 것은?

① 탄저
② 브루셀라증
③ 페스트
④ 일본뇌염

ANSWER 16.① 17.④ 18.④

16 한우의 체구성별 발육상태에서 강한 발육을 보이는 부위는 머리에서 목과 등, 허리로 향하는 부위이다.

17 ④ 유방염은 자연계에 널리 분포되어 있는 세균이나 곰팡이가 젖소 유방 내에 침입하여 염증을 일으키는 질병이다.

18 ④ 일본뇌염은 바이러스성 인수공통전염병이다.

※ 원인체별 인수공통전염병

구분	종류
세균성 (16종)	결핵병, 살모넬라균증, 연쇄상구균증, 탄저, 돈단독, 브루셀라증, 렙토스피라균증, 파스튜렐라균증, 야토병, 비저, 리스테리아균증, 페스트, 가성결핵병, 비브리오균증, 디프테리아, 유행성회귀열
바이러스성 (12종)	광견병, 일본뇌염, 뉴캐슬병, HVJ병, 수포성구내염, 우두, 가성우두, 전염성농포성구진, 지방성간염, 림프구성 맥랄수막염, 도약병
진균성 (14종)	방선균증, 아스퍼길루스증, 크립토코커스병, 전염성림프관염, 리노스포리듐증, 윤선, 스포로츠리쿰증, 콕시이오에데스증, 노카르디아증, 블라스토마이세스병, 히스토플라즈마병, 황선
원충 및 기생충성	• 원충 : 사르코시스트병, 트리파노소마병, 아메바증, 발란티듐증, 라이시마니아증, 톡소프라즈마병(6종) • 선충 : 포도병, 곤질로네마병, 폐충증, 오스테르타지아충증, 양위충증, 신가무스충증, 탈선충증, 신가무스충증, 선모충증, 디로필라리아감염증, 사상선충, 악구충증, 분충증, 텔라지아감염증(14종) • 촌충 : 소 촌충증, 포충증, 돼지 촌충증, 개 촌충증, 물고기 촌충증, 꼬마 촌충증, 오리 촌충증(7종) • 흡충 : 간충증, 주혈흡충증, 비대흡충증, 인위선충증, 폐흡충증, 오리스토르키스충증, 에키노카스무스충증, 이형흡충증, 속구흡충증(9종)

19 36개월령의 젖소가 체중이 630kg이고, 1일 산유량이 22kg, 유지율은 3.4%인 우유를 생산한다고 할 때, 4% FCM으로 보정된 유량은 얼마인가?

① 18.50kg
② 19.06kg
③ 20.02kg
④ 21.34kg

20 계류식 우사에 대한 설명으로 옳은 것은?

① 프리스톨(free stall)이라고도 불린다.
② 소가 활동하기 편하고 환기 문제가 비교적 적다.
③ 착유, 급수 등 작업의 기계화가 용이하고, 개체별 관찰이 용이하다.
④ 개방우상식 우사에 비해 인공수정, 진료 등의 노력이 많이 소요된다.

ANSWER 19.③ 20.③

19 FCM = 0.4M(유량) + 15F(유지방량)
= 0.4 × 22 + 15 × (22×0.034)
= 8.8 × 11.22
= 20.02
※ FCM은 서로 다른 유지방의 유량을 비교하고자 4%의 유지율로 보정하여 4% 유지방의 유양을 계산하기 위함이다.

20 ① 프리스톨은 개방형 우사 등에 설치하여 커다란 방을 구획하여 만든 작은방으로 자유롭게 출입 가능하며 사료조절 장치가 부착되어 있다.
② 개방형 우사에 대한 설명이다.
④ 개방우상식 우사에 비해 인공수정, 진료 등의 노력이 적게 소요된다.
※ 계류식 우사 … 소가 운동장이나 방목장에 나가 있는 경우 외에는 소를 목에 걸쇠나 체인으로 걸어 계류시키는 형태의 우사이다. 계류 상태에서 휴식, 사료섭취, 착유작업 등이 이루어지며 주로 젖소의 경우에 많이 사용한다. 계류 장치에 따라 스탠션스톨(stanchion stall)과 타이스톨(tie stall) 등으로 분류한다.

가축사양

2016. 6. 25. 서울특별시 시행

1 다음 중 인공수정(artificial insemination, AI)을 설명한 내용으로 옳지 않은 것은?

① 인공수정을 통해 작업효율의 개선과 우수 종돈의 유전자원을 효율적으로 이용할 수 있다.
② 정액주입기가 나선형인 경우 시계방향으로 돌리면서 조심스럽게 주입한다.
③ 질 안으로 주입기의 약 1/3을 15~30° 정도 윗 방향으로 삽입하다가 수평으로 밀어 넣는다.
④ 고능력 종모돈의 유전자를 효율적으로 이용할 수 있다.

2 고능력의 젖소가 분만 시 스트레스로 인해 탄수화물 대사작용이 부진해졌다면 발생확률이 높은 대사성 질환은 무엇인가?

① 유열
② 산중독
③ 케톤증
④ 테타니

ANSWER 1.② 2.③

1 ② 정액주입기가 나선형인 경우 시계반대방향으로 돌리면서 조심스럽게 주입한 뒤, 주입 완료 후 제거할 때 시계방향으로 돌리면서 제거한다.

2 ③ 케토시스(Ketosis, 저혈당증) 또는 케톤증은 에너지 부족시, 당질 및 지질대사 이상에 의해 케톤체가 생체 내에 이상적으로 증가하여 동물에 임상증상이 나타나는 질병을 말한다. 케톤체가 증가해도 다른 임상증상을 나타내지 않는 것은 케톤증이라고 말하지 않으며, 케톤체가 혈중에 증가한 상태를 케톤혈증, 뇨 및 우유중에 증가한 상태를 케톤뇨증 및 케톤유증으로 각각의 호칭으로 구별한다.

※ 케톤증 발현

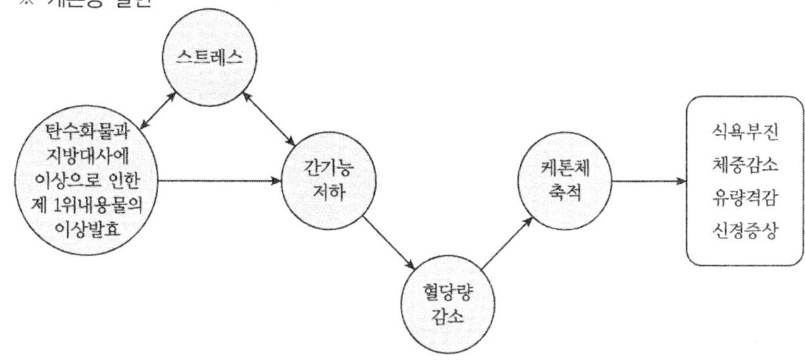

3 다음 단미사료 중 단백질 함량이 가장 높은 사료는?

① 채종박
② 대두박
③ 보리
④ 옥수수

4 다음 닭의 사료용 효소제 중 외인성 효소가 아닌 것은?

① 셀룰라아제(Cellulase)
② 피타아제(Phytase)
③ 만나나아제(Mannanase)
④ 아밀라아제(Amylase)

5 다음 반추위 미생물에 의해 생성된 휘발성지방산 중 유당의 합성에 이용되는 것은?

① 발러르산(Valeric acid)
② 부티르산(Butyric acid)
③ 아세트산(Acetic acid)
④ 프로피온산(Propionic acid)

ANSWER 3.② 4.④ 5.④

3 ② 단미사료 중 식물성 단백질사료에는 대두박 · 채종박 등이 포함된다. 대두박은 대두에서 기름을 추출하고 남은 찌꺼기이며, 단백질 함량이 40~50%이기 때문에 사료 내 주요 단백질원으로 이용 가능하다. 채종박의 단백질 함량은 35~40%이다.

4 ④ 아밀라아제는 내인성 효소이다.

5 반추위 미생물에 의해 생성된 주요 휘발성지방산
㉠ 아세트산 : 지방산, 유지방 합성
㉡ 부티르산 : 지방산 합성
㉢ 프로피온산 : 유당(락토스) 합성

6 **다음 중 영양소의 흡수 및 체내 대사작용에 대한 설명으로 옳지 않은 것은?**

① 중간 사슬지방산(탄소길이 10~12개)은 모세혈관으로 들어가 문맥을 통해 바로 간으로 전달된다.

② 반추동물의 제1위 내 탄수화물의 발효산물인 휘발성지방산은 제1, 2 및 3위를 거치는 동안 대부분 흡수된다.

③ 소장에서 소화 흡수된 단당류는 소장벽의 점막세포와 간에서 대부분 포도당으로 전환된다.

④ 포유동물의 생육기간 동안 완전한 단백질은 장 상피조직을 통해 흡수되지 못한다.

7 **다음 중 결핍 시 조류에서 다발성 신경염(Polyneuritis)을 일으키는 비타민은?**

① 티아민(Thiamin)

② 리보플라빈(Riboflavin)

③ 피리독신(Pyridoxine)

④ 비오틴(Biotin)

8 **다음 닭의 품종 중 대표적인 육용종으로만 묶인 것은?**

① 레그혼종, 코니시종, 플리머스록종

② 뉴햄프셔종, 미노르카종, 플리머스록종

③ 로드아일랜드종, 코친종, 미노르카종

④ 코니시종, 브라마종, 코친종

ANSWER 6.④ 7.① 8.④

6 ④ 장 상피조직의 주된 기능은 흡수작용으로 포유동물의 생육기간 동안 완전한 단백질은 장 상피조직을 통해 흡수된다.

7 ① 티아민(비타민B1)은 TPP의 구성성분으로 산화적 탈탄산작용의 조효소로서의 역할을 한다. 티아민의 결핍은 사람에게는 각기병, 조류에게는 다발성 신경염을 일으킨다.

8 닭의 품종

㉠ 육용종 : 코니시종, 브라마종, 코친종 등

㉡ 난용종 : 레그혼종, 미노르카종 등

㉢ 난육겸용종 : 플리머스록종, 뉴햄프셔종, 로드아일랜드종 등

9 **우리나라에서는 주로 청예(靑刈, Fresh cut)로 이용되나 계통에 따라 건초 또는 사일리지도 가능한 조사료이며, 가끔 청산(Hydrocyanic acid)이 미량 함유되어 있어 독성을 일으킬 수 있기에 생육초기에는 약간 말려서 급여하면 안전한 조사료는?**

① 수수-수단 교잡종(Sorghum-sudangrass hybrid)
② 진주조(Pearl millet)
③ 이탈리안라이그라스(Italian ryegrass)
④ 톨페스큐(Tall fescue)

10 **다음 중 젖소의 일반 사양관리에 대한 설명으로 옳지 않은 것은?**

① 비유 초기에는 체중감소가 최소화되도록 고에너지, 고단백질 사료를 급여한다.
② 비유 중기에는 에너지 균형상태의 시기로 우유생산량에 따라 사료의 양과 질을 조절하여 급여한다.
③ 비유 후기에는 섭취한 영양소의 일부가 체지방 축적에 이용되기 때문에 체중이 증가하므로 과비가 되는 것을 피해야 한다.
④ 건유기에는 비유기 우유생산으로 부족해진 에너지 보충을 위해 농후사료 위주로 사료를 급여한다.

ANSWER 9.① 10.④

9 ① 수수-수단 교잡종과 다른 수수들은 가축에게 독성이 있는 프루식 산(청산)을 생산할 수 있기 때문에 주의해야 한다. 식물체가 어릴 때(키가 24cm 이하), 가뭄으로 스트레스를 받았거나 서리에 의해 죽었을 때 방목하는 것은 가장 큰 위험을 안고 있다.

10 ④ 건유기에는 과비하지 않도록 조사료와 농후사료 비율을 80:20으로 급여하고 적당한 운동을 시키도록 한다.

11 **다음 중 소에서 임신을 조기에 진단할 수 있는 방법으로 적절하지 않은 것은?**

① 자궁경관점액 검사법
② 직장검사법
③ 외음부 확진법
④ 에스트로겐 주사법

12 **다음 중 동물 세포 내의 주요 양이온으로 세포의 삼투압 유지, 산염기의 균형을 유지하며, 결핍 시 근육 약화, 설사, 성장 저하, 비정상 심근도 등을 일으키는 무기물은?**

① K
② Na
③ Cl
④ Ca

ANSWER 11.③ 12.①

11 소 임신 조기진단 방법

㉠ 직장검사 : 가장 널리 이용되는 방법으로, 숙련된 사람은 임신 30~40일까지 진단이 가능하다.
㉡ 에스트로겐 주사 : 발정 예정일 3~4일 전에 stilbestrol 혹은 estrogen을 피하주사하여 3~5일간 발정유무를 관찰하는 방법이다. 영구황체 등 자궁 내 이상이 있으면 발정증세가 나타나지 않는다.
㉢ 경관점액 검사법 : 자궁경관 점액을 채취하여 슬라이드 글라스에 바르고 그 위에 또 한 장의 슬라이드 글라스를 포개 2~3회 회전하면서 비벼 질산은액으로 고정한 후에 김자염색하여 현미경으로 관찰하는 방법이다. 임신시에는 실이 꼬부라진 것 같은 점액상을 보이고, 불임시에는 기포가 생기거나 흑갈색의 반점이 나타난다.

12 ① K(칼륨)은 동물 세포 내에 존재하는 주요 양이온이며, 체액 및 전해질의 균형을 유지하는 데 중요한 역할을 한다. 또한 동물이 근육을 수축하고 신경 자극을 전달하는 데 필수적인 역할을 한다.

13 모돈 두당 연간 출하되는 돼지의 수를 의미하며, 양돈장의 생산성지표가 되는 것은?

① WSY(Weaning pigs per Sow per Year)

② PSY(Piglets per Sow per Year)

③ MSY(Market pigs per Sow per Year)

④ LSY(Litters per Sow per Year)

14 다음 소의 질병 중 바이러스성 질병이 아닌 것은?

① 아카바네(Akabane disease)

② 전염성 비기관염(Infectious bovin rhinotracheitis, IBR)

③ 브루셀라병(Brucellosis)

④ 우역(Rinderpest)

ANSWER 13.③ 14.③

13 ③ MSY : 모돈 1두 당 연간 출하두수를 의미한다.
① WSY : 모돈 1두 당 연간 이유시킨 새끼 돼지의 마리수를 의미한다.
② PSY : 모돈 1두가 연간 낳은 새끼 돼지의 마리수를 의미한다.
④ LSY : 모돈 1두가 연간 번식에 이용되는 횟수를 의미한다.

14 ③ 브루셀라병(Brucellosis)은 세균성 전염병이다.
※ 소의 주요 바이러스 전염병
㉠ 소화기 : 소설사병(BVD), 송아지설사병(Rota virus), 겨울철하리(Winter dysentry)
㉡ 호흡기 : 전염성 비기관지염(IBR), 소호흡기 합포체 바이러스(BRSV), 파라이늘루엔자(PI-3)
㉢ 번식장애 : 아카바네(Akabane), 츄잔(Chuzan), 아이노(Aino)
㉣ 전신대사성 : 유행열(Epimeral fever), 우역(Rinderpest)
㉤ 만성소모성질병 : 소백혈병(BLV)
㉥ 수포성 급성 질병 : 구제역(FMDV)
㉦ 신경장해 : 광견병(Rabies), 광우병(BSE)

15 다음 중 결핍되었을 경우 혈액응고의 지연 혹은 내출혈 등을 발생시키는 지용성 비타민은 무엇인가?

① 비타민 A
② 비타민 D
③ 비타민 E
④ 비타민 K

16 산란계의 사육환경에 영향을 주는 주요 요인들에 대한 설명으로 옳지 않은 것은?

① 산란계의 생리적 적정온도는 13~24℃ 이다.
② 산란계 육성기 계사 내 습도는 80%를 유지한다.
③ 계사 내 암모니아가스가 50ppm 이상이면 성장과 산란에 커다란 손상을 끼친다.
④ 광선은 뇌하수체 전엽을 자극하여 생식선의 발달을 촉진시킨다.

ANSWER 15.④ 16.②

15 ① 비타민 A가 결핍되었을 때에는 야맹증 등이 발생한다.
② 비타민 D가 결핍되었을 때에는 구루병 등이 발생한다.
③ 비타민 E가 결핍되었을 때에는 생식장애 등이 발생한다.

16 ② 산란계에 적당한 습도는 50~60%이며, 이보다 습도가 높으면 각종 질병이 발생하기 쉽고 특히 온도가 낮을 때 습도가 높으면 열의 방산이 일어나므로 체온 유지가 어렵다. 반대로 습도가 낮아 계사내부가 건조하면 병아리의 깃털 발생이 지연되고 탈수작용으로 몸이 마르고 발육이 나빠진다.

17 **레시틴이나 플라스마로겐 등의 복합지질 성분으로 돼지 신경의 흥분전달에 관여하고, 결핍이 될 경우 지제불량돈 분만, 지방간, 신장 괴사 등이 발생하며 임신돈 사료 내에 요구량을 충분히 충족시켜 줄 경우 산자수 및 이유두수를 증가시키는 비타민은 무엇인가?**

① 콜린(Choline)

② 비타민 B_{12}(Cyanocobalamin)

③ 리보플라빈(Riboflavin)

④ 비타민 A(Vitamin A)

18 **다음 중 단위동물인 돼지 위의 구조와 기능에 대한 설명으로 옳은 것은?**

① 위는 외관에 따라 분문부와 기저부로 나뉜다.

② 분문부에서는 위점액과 염산(HCl)이 분비된다.

③ 기저부의 주세포는 펩신노겐(pepsinogen)을 분비한다.

④ 위는 주로 전분 소화를 시작한다.

ANSWER 17.① 18.③

17 ① 콜린(choline) : lecithin의 구성성분으로 간단한 화합물이다. 결핍하면 돼지의 경우 성장부진, 사료효율저하, 불균형된 동작, 지방간 등이 나타날 수 있다.

② 코발라민(vitamin B_{12}) : 결핍하면 돼지의 경우 기립불능, 번식장해가 나타날 수 있다.

③ 리보플라빈(vitamin B_2) : 결핍하면 돼지의 경우 다리병 등이 나타난다.

④ 비타민 A(vitamin A) : 결핍하면 야맹증, 신경조직 이상, 골격형성 장애 등이 나타난다.

18 ① 돼지의 위는 외관에 따라 분문부, 기저부, 유문부로 나뉜다.

② 분문부에서는 위점액만이 분비된다.

④ 위는 다량의 사료를 저장하며, 소장으로 조금씩 방출하면서 단백질 소화를 시작한다.

19 사료의 일반성분 항목에는 6가지가 있다. 이 중 직접적인 분석에 의해 그 함량을 구하지 않고 5가지 성분을 분석한 후 이들 값으로부터 계산하여 구하는 성분은 무엇인가?

① 수분(Moisture)
② 가용무질소물(Nitrogen-free extract)
③ 조회분(Crude ash)
④ 조단백질(Crude protein)

20 권장 환기율이 가장 낮은 돈사는 어느 시기의 돈사인가?

① 이유자돈　② 육성돈
③ 비육돈　④ 웅돈

ANSWER 19.② 20.①

19 ② 사료의 6가지 일반성분 항목은 수분, 조단백질, 조지방, 가용무질소물, 조섬유, 조회분이다. 이 중 가용무질소물은 나머지 다섯 성분의 수치를 구해서 모든 값을 합하여 100에서 차감하는 방식으로 구한다.

20 돈사의 권장 환기율은 이유자돈<자돈<육성돈<비육돈<임신돈<웅돈<분만모돈과 포유자돈 순으로 높아진다.

가축사양 | 2020. 6. 13. 제2회 서울특별시 시행

1 간에서 일어나는 탄수화물 대사작용에 대한 설명으로 가장 옳은 것은?

① 과당, 갈락토오스, 엿당 등은 포도당으로 전환이 불가능하다.
② 과량의 포도당은 글리코겐으로 전변되어 간과 근육에 축적된다.
③ 포도당은 β-산화과정을 거치면서 에너지를 생산한다.
④ TCA회로에서 과량의 당은 지방산의 합성에 사용될 수 없다.

2 닭의 수분섭취량(음수량)과 사료섭취량의 일반적인 비율은? (단, 사료섭취량을 1이라고 한다.)

① 2 : 1
② 4 : 1
③ 6 : 1
④ 8 : 1

ANSWER 1.② 2.①

1 ① 과당, 갈락토오스, 엿당 등은 간에서 포도당으로 전환된다.
③ β-산화과정은 카복실기 말단에서 두 번째 탄소(β-탄소)가 산화되는 과정으로, 지방산의 활성형인 Acyl-CoA에서 β-탄소 결합이 제거되어 미토콘드리아의 에너지 재료인 Acetyl-CoA를 형성한다.
④ 당은 해당과정을 거쳐 피루브산으로 되는데, 피루브산은 탈탄산 효소의 작용으로 CO_2를 이탈시키고, 탈수소 효소의 작용으로 산화되면서 NAD+를 NADH로 환원시키고 아세트산이 된다. 이 아세트산에 CoA가 결합하여 Acetyl-CoA가 되어 지방산의 합성에 사용될 수 있다.

2 물은 닭의 생명유지에 꼭 필요한 기본물질로, 병아리는 체중의 65~70%, 성계는 체중의 52%가 물이다. 닭의 수분섭취량과 사료섭취량의 일반적인 비율은 2 : 1로, 적어도 1.8 : 1 이상을 유지하는 것이 좋다.

3 돼지의 품종에 대한 설명으로 가장 옳은 것은?

① 대요크셔종 – 번식능력과 포유능력이 우수하여 주로 F_1모돈 생산을 위해 사용되는 품종이다.
② 버크셔종 – 백색종으로 육질이 뛰어난 품종이다.
③ 랜드레이스종 – 흑색종으로 귀가 매우 커서 전방으로 늘어진 것이 특징이다.
④ 듀록종 – 모색은 흑색, 갈색, 붉은색으로 다양하며, 육질이 뛰어나 비육돈 생산 시 모계로 많이 사용된다.

4 젖소의 건유기 사양관리에 대한 설명으로 가장 옳지 않은 것은?

① 건유기간은 조건에 따라 달라질 수 있지만, 일반적으로 60일 정도이다.
② 농후사료와 다즙질 사료의 급여를 중단하고, 저질 사료와 물만 급여한다.
③ 건유를 위해 마지막으로 착유한 소는 유방염 예방을 위해 유방염 연고를 각 유두구에 주입하고, 유두 침지소독을 실시한다.
④ 건유 후기에 조사료로서 두과 목초(알팔파 등)를 위주로 급여하는 경우 칼슘 섭취량이 부족하게 되어 분만 후 유열(milk fever)의 원인이 될 수 있다.

5 닭의 소화기관 중 근위에 대한 설명으로 가장 옳지 않은 것은?

① 포유류의 저작과 비슷하게 섭취물의 입자도를 물리적으로 감소시키는 두꺼운 근육성 기관이다.
② 일반적으로 작은 돌이나 단단한 입자 등의 연마물질이 들어있어 섭취된 곡류를 분쇄한다.
③ 효소를 분비하며, 선위에서 분비된 염산과 펩신이 근위에서 작용한다.
④ 근위 내 pH는 대략 2.5 정도이다.

ANSWER 3.① 4.④ 5.③

3 ② 버크셔종은 흑색종이지만 얼굴과 꼬리, 네 다리에 흰색 반점이 있어 육백(六白)이라고 한다. 육질이 뛰어나나 지방이 많다.
③ 랜드레이스종은 백색종으로 몸이 길며 귀가 매우 커서 전방으로 늘어진 것이 특징이다.
④ 듀록종의 모색은 보통 갈색이지만 흑색과 붉은색도 나타나며, 육질이 뛰어나 비육돈 생산 시 부계로 많이 사용된다.

4 ④ 유열은 저칼슘혈증이 원인으로, 젖소가 기립불능 상태에 이르게 하는 대사성 질병이다. 알팔파 등 두과 목초를 위주로 공급할 경우 칼슘과 칼륨이 과잉으로 공급될 수 있다.

5 ③ 단백질 소화효소인 펩신과 염산이 들어 있는 위액이 분비되는 곳은 선위이다. 그러나 선위에서는 먹이가 지체하는 시간이 짧아 효소의 작용은 근위에서 이루어진다.

6 사료원료 중 강피류의 일반적인 특성에 대한 설명으로 가장 옳지 않은 것은?

① 곡류보다 조섬유 함량은 높고 에너지 함량은 낮다.
② 조단백질 함량은 대략 10~20% 정도로 곡류보다 낮다.
③ 부피가 커 가축의 변비 예방용으로 사용될 수 있다.
④ 비타민 B군 함량은 비교적 풍부하다.

7 반추가축을 위한 TMR(total mixed ration) 사료의 장점에 대한 설명으로 가장 옳지 않은 것은?

① 조사료와 농후사료 등이 골고루 배합된 사료로 선택적 채식을 방지할 수 있다.
② 반추위 내 pH 변화를 증가시켜 소화율을 증가시킨다.
③ 균형 잡힌 사료 섭취를 통해 사료효율을 개선시킨다.
④ 부존자원의 활용으로 사료비를 절감할 수 있다.

8 산란계의 산란 초기 사양관리에 대한 설명으로 가장 옳지 않은 것은?

① 닭이 물과 사료를 충분히 섭취할 수 있게 한다.
② 놀라지 않게 한다.
③ 질병저항력을 높이기 위해 산란피크 기간에 예방 접종을 실시한다.
④ 연장된 점등시간은 줄이지 않는다.

ANSWER 6.② 7.② 8.③

6 ② 강피류의 조단백질의 함량은 대략 10~20% 정도로, 10~13%인 곡류보다 약간 높다.

7 ② TMR(total mixed ration) 사료는 균형 잡힌 적정수준의 조섬유가 섭취되므로 반추위 내 pH 및 휘발성 지방산의 생산이 안정되어 유지율의 변동을 최소화하는 장점이 있다.
※ TMR(total mixed ration) 사료는 우리말로 번역하면 완전배합사료로, 필요한 영양소를 고루 공급할 목적으로 곡류, 강피류, 박류, 건초, 볏짚, 사일리지, 광물질, 비타민, 각종 첨가제 등을 영양균형에 맞도록 계량하여 혼합한 사료이다.

8 ③ 산란율이 올라가고 있는 도중에 예방접종을 하면 높은 산란피크를 유지할 수 없으므로 접종시기를 놓쳤더라도 산란피크 기간에는 예방접종을 실시하지 않는다. 산란피크에 도달하면 생리적으로 질병에 대한 저항력이 약해지므로 산란개시 전에 예방접종을 완료하여 병에 대한 저항력을 높인다.

9 돼지에 대한 소화실험의 결과가 〈보기〉와 같이 측정되었을 때, 측정된 결과를 바탕으로 계산한 외관상 질소 소화율[%]은? (단, 측정된 모든 값은 건물 기준이다.)

〈보기〉

- 섭취한 사료 양 : 500g
- 섭취한 사료 내 질소 농도 : 20%
- 배출된 분의 양 : 50g
- 배출된 분 내 질소 농도 : 10%

① 80%
② 85%
③ 90%
④ 95%

10 필수 영양소 중 비타민에 대한 설명으로 가장 옳지 않은 것은?

① 유기물이며 그 자체가 에너지를 발생한다.
② 일부 비타민을 제외하고는 동물체 내에서 합성이 불가능하다.
③ 일반 원료사료에 자연적으로 존재하지만 요구량에 미달하거나 이용성이 매우 낮을 수 있어 별도로 사료에 첨가해 줄 필요가 있다.
④ 요구량을 충족하지 못하면 각 비타민 고유의 특정 결핍증상이 초래될 수 있다.

ANSWER 9.④ 10.①

9 외관상 질소소화율은 섭취한 사료 내 총 질소 가운데 동물이 소화할 수 있는 질소의 비율을 말한다.
- 섭취한 사료 내 총 질소의 양 = 500 × 0.2 = 100g
- 배출된 분 내 질소의 양 = 50 × 0.1 = 5g
- 동물이 소화할 수 있는 질소의 양 = 100 − 5 = 95g

따라서 이 돼지의 외관상 질소소화율 = $\frac{95}{100} \times 100 = 95\%$이다.

10 ① 비타민(vitamin)은 '생기(vita)를 지닌 아민(amine) 물질'이라는 뜻으로, 그 자체가 에너지를 생성하지는 않지만 건강을 유지하고 성장을 돕는 유기물이다.

11 **포유자돈에 대한 설명으로 가장 옳은 것은?**

① 소화 및 흡수기능이 충분히 성숙한 상태이다.
② 초유 섭취과정에서 모돈의 면역글로불린을 전달받는다.
③ 태반을 통해 충분한 철분을 공급받는다.
④ 유당분해효소(lactase)를 비롯한 여러 소화효소의 분비가 부족하다.

12 **소의 침의 특징 및 기능에 대한 설명으로 가장 옳지 않은 것은?**

① 건조한 사료의 수분 함량을 높여 저작 및 식괴형성을 촉진한다.
② 반추위 미생물의 성장에 필요한 영양소를 공급한다.
③ 반추위 내의 pH를 유지시킨다.
④ 거품생성을 촉진하여 고창증을 유발한다.

13 **돼지의 소화기관 중 대장의 특징과 기능에 대한 설명으로 가장 옳지 않은 것은?**

① 십이지장, 공장 및 회장으로 구성되어 있다.
② 수분 재흡수 장소이다.
③ 미생물에 의한 발효가 일어난다.
④ 소화되지 않은 소화관 내용물의 저장소이다.

ANSWER 11.② 12.④ 13.①

11 ②③ 돼지의 경우는 모돈의 항체가 태반을 통과하지 못한다. 따라서 포유자돈은 초유를 먹어야만 모돈으로부터 면역글로불린을 전달받는다. 초유는 분만 후 최초로 분비되는 유즙으로 질병저항을 위한 성분들이 다량으로 들어있다.
① 포유자돈은 소화 및 흡수기능이 미성숙한 상태로, 출산에서 이유까지 포유가 그 이후 자돈의 발육에 큰 영향을 미친다.
④ 포유자돈은 생후 20일까지는 유당분해효소인 lactase의 활성이 높은 반면 amylase, protease, lipase의 활성이 낮지만, 시간이 지나면서 lactase의 활성은 감소하고 다른 효소들의 활성이 증가한다.

12 ④ 소의 침 속에는 포말 형성을 억제하는 점성단백질이 들어있다. 침 분비 능력이 감소할 경우 점성단백질이 부족하여 포말성 고창증을 유발한다.

13 ① 십이지장, 공장 및 회장으로 구성되어 있는 것은 소장이다. 돼지의 소장은 사료의 소화 및 흡수의 중추적 기관으로, 십이지장, 공장, 회장 외에 췌장, 담낭 및 간 등이 관여되어 있다. 대장은 맹장, 결장 및 직장으로 구성되어 있다.

14 사료에너지 중 대사에너지에서 열량 증가로 소비된 부분을 제외한 에너지에 해당하는 것은?

① 가소화에너지
② 정미에너지
③ 대사에너지
④ 총에너지

15 양돈사료 중 원료사료별 제1제한아미노산에 대한 설명으로 가장 옳지 않은 것은?

① 밀에서 라이신이 제1제한아미노산이다.
② 보리에서 라이신이 제1제한아미노산이다.
③ 수수에서 트레오닌이 제1제한아미노산이다.
④ 옥수수에서 라이신과 트립토판이 함께 제1제한아미노산이다.

ANSWER 14.② 15.③

14 ② 정미에너지 = 대사에너지 − 열량 증가로 손실된 에너지
① 가소화에너지 = 섭취한 사료의 총에너지 − 분으로 손실된 에너지
③ 대사에너지 = 섭취한 사료의 총에너지 − 분 · 뇨 · 가스로 손실된 에너지
④ 총에너지 = 섭취한 사료의 총 에너지
※ 생물학적 평가방법

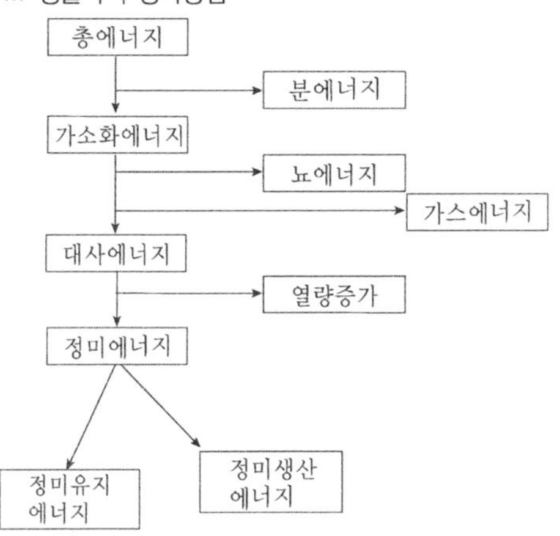

15 필요량에 대해 가장 부족한 필수 아미노산을 제1제한아미노산이라고 한다.
③ 수수의 라이신 함량은 0.23% 정도로 옥수수와 비슷하다. 제1제한아미노산은 라이신, 제2제한아미노산은 트레오닌이다.

16 반추동물의 위와 위에서의 소화작용에 대한 설명으로 가장 옳은 것은?

① 반추동물에서 상대적 크기가 가장 작은 위는 항상 제4위이다.
② 반추위에서 생성되는 비율이 가장 높은 가스는 이산화탄소와 질소이다.
③ 반추위 미생물은 반추동물의 소화작용을 돕고 여러 가지 영양소를 합성하여 반추동물이 이용할 수 있게 한다.
④ 반추위에 알팔파 건초 급여 시 미생물의 발효로 인해 생성되는 휘발성 지방산 중 생산량이 가장 많은 것은 프로피온산이다.

17 식물성 단백질사료 중 사료로 이용할 때 문제가 될 수 있는 고시폴이란 페놀성 화합물이 함유되어 있는 것은?

① 대두박
② 면실박
③ 채종박
④ 아마박

ANSWER 16.③ 17.②

16 ① 상대적 크기가 가장 큰 것은 제1위, 가장 작은 것은 제3위이다.
② 반추위에서 생성되는 비율이 가장 높은 가스는 이산화탄소와 메탄이다.
④ 반추위 내 휘발성 지방산 생산량은 초산 > 프로피온산 > 낙산 순으로 많다.

※ 반추동물의 위
㉠ 제1위(혹위) : 미생물이 공생(共生)하고 있어서 풀의 거친 셀룰로스를 분해한다.
㉡ 제2위(벌집위) : 내벽이 벌집같이 구획되어 있는데 여기에서 음식물이 뭉쳐져 다시 입으로 되돌아간다.
㉢ 제3위(겹주름위) : 재차 씹은 음식물은 겹주름위로 들어가 잘게 부서져 주름위로 들어가 소화된다.
㉣ 제4위(주름위) : 위선으로부터 위액이 분비된다. 단백질이 산성용액으로 분해된다.

17 ② 면실박 : 탈피의 정도와 탈고시폴의 정도에 따라 사료적 가치가 다르다. 미국 거래규정은 저고시폴 면실박의 등급을 매길 때, A등급은 총 고시폴 함량이 400mg/kg 이하, AA등급은 100mg/kg 이하 그리고 AAA등급은 10mg/kg 이하로 정하고 있다. 유리고시폴 함량을 1,200mg/kg 이하로 정하고 있다.
① 대두박 : 대두박은 가공 방법에 따라 영양가가 크게 달라지는데, 특히 생대두나 저온처리된 대두 속에는 성장저해인자가 함유되어 있다. 성장을 저해하는 항영양인자로는 트립신의 활성을 억제하는 인자, 헤마글루티닌 및 대두알러젠 등이 있다.
③ 채종박 : 채종에서 가장 문제가 되는 항영양인자로는 글루코시놀레이트(glucosinolate)와 에루스산(erucic acid)이 있다. 글루코시놀레이트 분해산물은 항갑상선 물질로 가축에서 갑상선비대증을 일으킨다. 에루스산이 다량 함유된 채종유를 쥐에게 다량 급여하면 심장에서 심근괴저와 지방침윤이 유발된다.
④ 아마박 : 미숙한 아마종실 내 유독성분인 리나마린은 특정 온도(40～50℃), pH 및 수분에서 청산을 생성하여 맹독을 생성할 수 있으므로 건조한 상태로 보관하여 가축에게 급여해야 한다. 건조한 상태에서는 다량 급여해도 청산에 의한 중독 염려가 거의 없다.
※ 「사료 등의 기준 및 규격」 [별표 5] 단미사료의 품목별 기준 및 규격 참고

18 젖소의 비유 초기 사양관리에 대한 설명으로 가장 옳지 않은 것은?

① 비유 초기는 우유 생산량은 증가하고, 사료섭취량은 감소하여 우유 생산에 요구되는 영양소를 사료로 충당할 수 없어 음에너지 균형이 발생하는 시기이다.

② 비유 초기의 심한 체중 감소는 우유 생산량, 번식 등에도 영향을 미치므로 체중 감소가 최소화 되도록 영양관리를 하여야 한다.

③ 비유 초기에는 양질의 조사료를 자유채식토록 하여 건물섭취량을 증가시킴과 동시에 반추기능을 강화 시켜야 한다.

④ 비유 초기에는 저에너지 및 저단백질 사료를 급여 한다.

19 사일리지에 대한 설명으로 가장 옳지 않은 것은?

① 일광건초에 비해 비타민 D 함량이 많다.

② 건초에 비해 날씨의 영향을 덜 받고 조제할 수 있다.

③ 건조가 어려운 재료나 각종 부산물을 이용할 수 있다.

④ 연중 다즙질 사료를 공급할 수 있다.

20 가축의 사양표준에 대한 설명으로 가장 옳지 않은 것은?

① 가축의 영양소 요구량을 합리적으로 제시한 일종의 급여기준이다.

② 가축의 종류, 생육시기, 사양목적 등에 따라 차이가 있다.

③ 한국사양표준은 한우, 젖소, 돼지 및 가금을 대상으로 제정되었다.

④ 사양표준에서는 최대 영양소 요구량을 제시한다.

ANSWER 18.④ 19.① 20.④

18 ④ 비유 초기에는 체중감소가 최소화되도록 고에너지, 고단백질 사료를 급여한다.

19 ① 사일리지는 건초에 비하여 비타민 D의 함량이 적다는 단점이 있다.

20 ④ 가축의 사양표준은 가축의 생명유지와 생산에 필요한 영양소별 최소 요구량을 제시한 것으로 사료의 경제적 이용과 생산능력의 향상에 기초가 되는 자료이다.

02

가축육종

2009. 5. 23. 제1회 지방직 시행
2010. 5. 22. 제1회 지방직 시행
2011. 5. 14. 제1회 지방직 시행
2014. 6. 28. 서울특별시 시행
2015. 6. 13. 서울특별시 시행
2016. 6. 25. 서울특별시 시행
2020. 6. 13. 제2회 서울특별시 시행

가축육종	2009. 5. 23. 제1회 지방직 시행

1 어떤 개체의 유전자형을 알기 위하여 열성동형접합체인 개체와 실시하는 교배는?

① 계통교배　　② 윤환교배
③ 검정교배　　④ 무작위교배

2 가축의 다수 형질 개량을 위한 선발 방법으로서 가장 효율적인 것은?

① 순차적 선발법　　② 독립도태법
③ 상관반응에 의한 간접선발법　　④ 선발지수법

ANSWER 1.③ 2.④

1 어떤 개체의 유전자형을 알기 위하여 우성 개체를 열성호모의 개체와 교배시키는 것은 검정교배이다.
① **계통교배**: 유전적으로 우수한 특정 개체와 혈연관계가 높은 자손을 만들기 위한 교배방법
② **윤환교배**: 2개 이상의 품종을 이용하여 실시하는 잡종교배방법
④ **무작위교배**: 유전적으로 유연관계가 없는 암수를 전혀 무작위로 하는 교배방법

2 **선발지수법**(Selection Index) … 유전력과 유전상관 및 각 형질의 경제적 가중치로 결정하거나 개발된 지수를 이용하여 동시에 여러 형질을 계량하는 방법
① **순차적 선발법**: 적용할 형질의 순서를 정하고, 세대가 경과하면서 각 형질에 대해 해당 개체를 선발
② **독립도태법**: 목표가 되는 각각의 대상 형질에 대하여 최소한의 능력 기준을 정하는 방법으로, 어느 한 형질이라도 최소한의 기준을 충족하지 못하는 개체는 도태시키는 방법
③ **상관반응에 의한 간접선발법**: X형질을 개량하고자 할 때 X 대신 Y형질에 대해 선발하여 X형질에 상관반응이 나타나게 함으로써 X형질을 개량하는 방법

3 젖소에서 다배란 수정란이식(MOET)을 이용한 육종의 기대효과로 옳지 않은 것은?

① 개체의 근교계수 저하
② 세대간격의 단축
③ 선발강도의 증가
④ 우수 개체의 대량 생산

4 동물의 종에 따른 체세포의 염색체수가 옳지 않은 것은?

① 소 – 60
② 면양 – 54
③ 돼지 – 34
④ 닭 – 78

5 잡종교배의 목적으로 옳지 않은 것은?

① 열성유전자 발현의 억제
② 잡종강세효과의 극대화
③ 품종 간 상보성의 이용
④ 상가적 유전효과의 극대화

ANSWER 3.① 4.③ 5.④

3 MOET … 암소에게 다배란을 유도하여 한 번에 다수의 수정란을 생산한 다음, 이를 다른 암소(수란우)에게 이식하여 우수한 암소의 유전자를 가지는 다수의 송아지를 생산하는 기술이다. MOET는 암소의 번식생리를 극복하고 암소의 생존 여부와 관계없이 다수의 자손 수송아지를 생산하여 검정함으로써 암소의 개량을 촉진하는 방법으로 활용되고 있다.

4 ③ 돼지의 염색체수는 38개이다.

5 ④ 상가적 유전효과는 혈통기반 개체의 동의유전자에 의한 양적형질 유전변이의 하나로, 상가적 유전효과의 극대화는 잡종교배의 목적이 아니다.

※ 잡종교배의 목적
㉠ 열성유전자 발현의 억제
㉡ 잡종강세효과의 극대화
㉢ 품종 간 상보성의 이용

6 **닭의 산란능력을 나타내는 산란지수의 설명으로 옳은 것은?**

① 일정 기간 총 산란수를 검정개시 수수로 나누어 산출한다.
② 일정 기간 총 산란수를 생존계 연수수로 나누어 산출한다.
③ 일정규모의 산란계 집단이 1년간 생산한 총 산란수이다.
④ 일정기간 총 산란수를 검정종료 수수로 나누어 산출한다.

7 **어떤 한우집단에서 유전자형 AA의 빈도는 0.60, AB의 빈도는 0.30, BB의 빈도는 0.10으로 조사되었다면, 유전자 B의 빈도는?**

① 0.15
② 0.25
③ 0.30
④ 0.45

8 **유전좌위 5개에 대한 아비의 유전자형은 AaBBCcDdee이고, 어미의 유전자형은 AABbCcDdEe이다. 모든 좌위의 유전자들이 독립적으로 분리된다면 아비와 어미가 생산할 수 있는 배우자(gamete) 종류는?**

① 아비 8, 어미 8
② 아비 8, 어미 16
③ 아비 16, 어미 8
④ 아비 16, 어미 16

ANSWER 6.① 7.② 8.②

6 산란지수는 닭의 산란능력을 평가하는 숫자로, 계군의 총생산란수를 검정개시 때 닭의 총수에서 분할하며 통상 닭의 편입 시부터 1년간을 계산한다.

7 유전자빈도란 어떤 유전자자리에서 각각의 대립유전자가 한 개체 멘델집단 내에 존재하는 상대적 비율을 말한다. A와 B 2개의 대립유전자가 존재하고 AA, AB, BB의 유전자형 빈도가 0.60, 0.30, 0.10일 때, 유전자 A의 빈도는 $\frac{2\times0.6+0.3}{2}=0.75$이고 유전자 B의 빈도는 $\frac{2\times0.1+0.3}{2}=0.25$이다.

8 아비의 이형접합체는 Aa, Cc, Dd 3개이고, 어미의 이형접합체는 Bb, Cc, Dd, Ee 4개이므로, 모든 좌위의 유전자들이 독립적으로 분리된다면 아비와 어미가 생산할 수 있는 배우자 종류는 아비 $2^3=8$, 어미 $2^4=16$이다.

9 표현형가(P)의 효과를 나눌 경우 생산능력(PA)의 의미로 옳은 것은?

① 상가적 유전효과(A)와 유전자조합효과(GCV)의 합

② 상가적 유전효과(A)와 환경효과(E)의 합

③ 유전자형가(G)와 영구환경효과(E_P)의 합

④ 영구환경효과(E_P)와 일시환경효과(E_T)의 합

10 아래 화살표 가계도(arrow pedigree diagram)에서 X의 근교계수는? (단, 공통선조 A와 B의 근교계수는 0으로 가정한다)

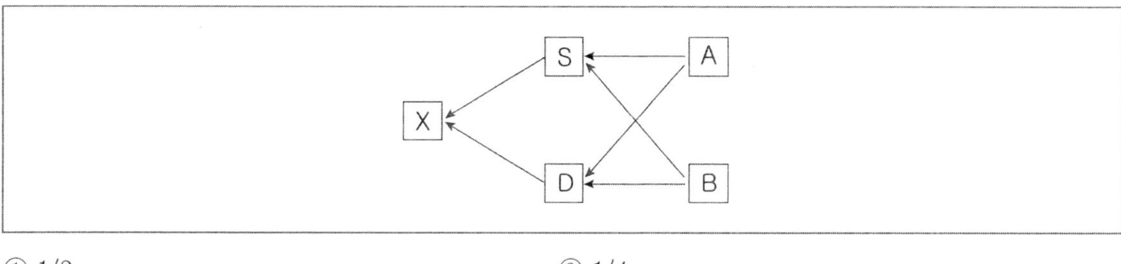

① 1/2　　② 1/4

③ 1/8　　④ 1/16

ANSWER 9.③ 10.②

9 표현형가는 집단 내의 개체의 기록이 나타내는 특정 값으로, 그 개체의 유전자형과 그 개체에 주어진 환경요인에 의하여 결정된다.

※ 유전자형가 … 유전인자의 작용에 의해서 표현형가에 영향을 주는 부분으로서 특정한 유전자좌위에 동일한 유전자형을 가진 여러 마리의 가축에 대한 측정치의 평균으로 정의한다.

10 근교계수란 근친교배에 의해 개체가 호모접합체가 되는 정도를 나타내는 양으로, 1개체가 갖는 2개의 상동유전자가 공통의 조상유전자로부터 유래한 평균적 확률을 말한다.

개체 X의 근교계수를 F_X라고 할 때, $F_X = \sum\left\{\left(\frac{1}{2}\right)^{n+n'+1}(1+F_A)\right\}$이다.

- F_A : 부계와 모계에 공통인 조상개체인 A의 근교계수
- n : 공통조상 A부터 X의 아비까지의 세대수
- n' : 공통조상 A부터 X의 어미까지의 세대수
- Σ : 전체 공통조상에 대하여 부모를 연락하는 모든 계도선에 대한 근교계수의 값의 합

따라서 F_X를 구하면, $F_X = \left\{\left(\frac{1}{2}\right)^{1+1+1}(1+0)\right\}+\left\{\left(\frac{1}{2}\right)^{1+1+1}(1+0)\right\}=\frac{1}{8}+\frac{1}{8}=\frac{1}{4}$이다.

11 **근친교배의 유전적 효과에 관한 설명으로 옳은 것은?**

① 부모에 비해 성장률, 산자수 등의 증가
② 품종의 특징을 유지하면서 축군의 생산능력을 향상
③ 후손들의 강건성(vigor) 증대
④ 이형접합체 비율의 감소와 동형접합체 비율의 증가

12 **동물 분자육종에서 DNA 마커(marker)의 기능에 관한 설명으로 옳지 않은 것은?**

① 염색체상에서 특정 DNA 부위의 위치 파악
② 우량유전자 또는 질병유전자의 확인
③ 유전자형 차이에 의한 개체 식별
④ DNA의 전사부위와 비전사부위의 구분

ANSWER 11.④ 12.④

11 근친교배는 동형접합체(homozygote)의 비율을 증가시키고 이형접합체(heterozygote)의 비율을 감소시킨다. 따라서 근친교배의 가장 중요한 유전적 효과는 유전자의 호모(homo)성을 증가시키고 헤테로(hetero)성을 감소시키는 것이다.
①②③ 근친도가 높아지면 유전자의 호모(homo)성이 증가됨에 따라 여러 가지 불량한 결과가 나타난다. 즉, 각종 치사유전자와 기형이 나타나는 빈도가 높아지며, 수정률, 성장률, 산란능력, 생존율 등에도 좋지 못한 영향을 미치게 된다.

12 동물 분자육종에서 DNA 마커는 염색체상의 특정 DNA 부위의 위치 파악, 우량유전자 또는 질병유전자의 확인, 유전자형 차이에 의한 개체 식별 등의 기능을 한다.
※ DNA makers
㉠ RFLP maker : Genomic DNA에 제한효소를 처리하고 절단된 단편들의 크기를 비교하여 그 차이를 마커로 활용하는 방법 → 제한효소처리에 의한 차이 감별
㉡ PCR-based maker : 소량의 DNA를 단시간에 대량으로 증식하는 방법 → 특정부위의 증폭에 의한 차이 감별
㉢ RAPD maker : random primer를 이용하여 DNA를 PCR로 증폭하여 품종 간 차이를 감별하는 방법
㉣ Microsatellites(SSR) maker : 특정 부위에서 반복 염기서열의 품종 간 차이를 감별하는 방법
㉤ AFLP maker : 제한효소로 절단한 단편을 random primer를 이용 PCR로 증폭하여 감별하는 방법
㉥ STS maker : 목표부위의 염기서열을 분석하여 primer를 제작 PCR하고 품종 간 증폭된 부위의 차이를 감별하는 방법

13 우리나라 젖소의 종모우 선발은 당대검정과 후대검정을 통해 선발하고 있다. 새로 태어난 수송아지가 이러한 검정을 통하여 보증종모우로 선발되기까지 소요되는 기간은?

① 약 1 ~ 2년
② 약 3 ~ 4년
③ 약 5 ~ 6년
④ 약 7 ~ 8년

14 DNA구조에 대한 설명으로 옳지 않은 것은?

① DNA는 인산, 디옥시리보오스 및 염기로 구성되어 있는 뉴클레오티드의 중합체이다.
② 뉴클레오티드들의 연결은 당의 5번 탄소에 연결된 인산과 인접한 당의 3번 위치에 연결된 수산기(-OH)가 서로 에스터 결합으로 이루어진다.
③ DNA는 오른손 나사 형태의 이중나선형 구조이다.
④ 이중나선구조의 염기간 연결은 구아닌(G)과 시토신(C)의 2중 수소결합과 아데닌(A)과 티민(T)의 3중 수소결합으로 이루어진다.

ANSWER 13.③ 14.④

13 새로 태어난 수송아지가 1차 당대검정과 2차 후대검정을 거치고 성적에 따라 보증종모우 선발되기까지 소요되는 기간은 약 5~6년이다.

14 ④ 이중나선구조의 염기간 연결은 아데닌(A)과 티민(T)의 2중 수소결합과 구아닌(G)과 시토닌(C)의 3중 수소결합으로 이루어진다.

15 **현재 한우의 보증종모우 선발체계로 실시되고 있는 당대검정과 후대검정에 관한 설명으로 옳은 것은?**

① 당대검정은 후보종모우를 선발하기 위해 당해 수소를 검정하는 것이고, 후대검정은 후보종모우의 자손을 검정하여 보증종모우를 선발하기 위해 실시하는 것이다.

② 당대검정은 한우 농가에서 우수한 송아지를 선발하기 위해서 실시하는 것이고, 후대검정은 선발된 송아지 자신의 능력을 가지고 보증종모우를 선발하기 위해 실시하는 것이다.

③ 당대검정은 후대검정우로 선발될 개체의 외모 및 성장능력을 중심으로 심사하는 것이고, 후대검정은 자손의 개량을 위해 보증종모우 어미의 능력을 평가하기 위해 실시하는 것이다.

④ 당대검정은 수소와 암소 자신의 육질과 번식성적을 조사하기 위한 것이고, 후대검정은 보증종모우의 유전자 조합효과(GCV)를 분석하기 위해 실시하는 것이다.

ANSWER 15.①

15 당대검정은 후보종모우를 선발하기 위해 당해 수소를 검정하는 것이고, 후대검정은 후보종모우의 자손을 검정하여 보증종모우를 선발하기 위해 실시하는 것이다.

※ 한우 보증종모우 선발과정의 예

구분	기간	내용
계	약 5년	1차 당대검정(약 2년), 2차 후대검정(약 3년)을 거치고 성적에 따라 보증종모우 선정여부 결정
당대검정	약 2년	• 해당 개체의 능력을 조사 : 일당증체량, 체형, 외모심사, 정액검사 등 • 주요 선발과정 흐름도 : 당대검정 송아지 생산 종빈우 선발 및 예비조사→송아지 생산→송아지 육성→대상축 선발→예비검정→농장검정(6개월령)→검정성적조사(월1회 체중측정, 사료요구량)→후보종모우 선발
후대검정	약 3년	• 후보종모우의 자식능력을 조사 : 도체성적, 일당증체량, 체형, 체위, 외모심사, 정액검사 등 • 주요 선발과정 흐름도 : 후보종모우 교배용 종빈우 선발→후보종모우 정액교배→종빈우 임신(관리)→후대검정용 송아지 선발→송아지 육성→후대검정→보증종모우 선발

16 돼지 등지방두께의 표현형 표준편차는 0.5cm이고, 이 형질의 유전력이 0.4라고 가정하면 돼지 등지방두께 육종가(상가적유전형가)의 분산은?

① 0.1 ② 0.2
③ 0.3 ④ 0.4

17 한우와 샤롤레를 교배시켜 F_1을 생산하고, 이 F_1을 다시 샤롤레에 퇴교배시켜 생산된 개체들의 유전적 구성[%]으로 옳은 것은?

	한우	샤롤레
①	0	100
②	25	75
③	50	50
④	75	25

18 닭 깃털의 횡반은 우성 반성유전자 B에 기인한다. 횡반 유전자를 가진 프리머스록종 암컷을 유색인 뉴햄프셔종 수컷과 교배시켰을 때 F_1에서 나타나는 표현형은?

① 암컷은 횡반이고 수컷은 유색 ② 암컷은 유색이고 수컷은 횡반
③ 암컷과 수컷 모두 횡반과 유색이 1 : 1 ④ 암컷과 수컷 모두 횡반

ANSWER 16.① 17.② 18.②

16 유전력은 특정 형질의 전체변이 중에 유전효과로 설명될 수 있는 부분의 비율로, $\text{유전력} = \frac{\text{유전분산}}{\text{표현형 분산}}$으로 나타낼 수 있다.

따라서 돼지 등지방두께 육종가의 분산을 x라고 하면 $0.4 = \frac{x}{(0.5)^2}$이므로 $x = 0.1$이다.

17 샤롤레 품종에서 발현되는 흰색은 SILV 유전자의 돌연변이형으로 발생하며, 중간유전의 양상을 나타낸다. 한우 × 샤롤레로 얻은 F_1의 유전적 구성은 50 : 50이고 이 F_1을 다시 샤롤레에 퇴교배시켜 생산된 개체들의 유전적 구성은 한우 25와 샤롤레 75이다.

18 반성유전은 암수에 공통으로 존재하는 성염색체인 X염색체상의 유전자가 성과 연관되어 유전하는 현상이다. 횡반 유전자를 가진 프리머스록종 암컷과 유색인 뉴햄프셔종 수컷을 교배하면 $Z^bZ^b(♂) \times Z^BW(♀) \rightarrow Z^BZ^b(♂)$, $Z^bW(♀)$이므로 F_1의 암컷은 유색이고 수컷은 횡반이다.

19 돼지 A 품종과 B 품종의 일당증체량은 각각 680g과 720g이다. A 품종과 B 품종을 교잡하면 일당증체량의 잡종강세가 5% 일어날 경우 두 품종 간의 교배에 의해 생산되는 F_1들의 예상되는 일당증체량[g]은? (단, 모계의 품종효과는 고려하지 않는다)

① 690
② 710
③ 735
④ 750

20 어느 농장에서 사육하는 돼지들의 평균 일당증체량은 암수 각각 750g이었다. 그런데 이 농장에서 선발된 후보종빈돈(種牝豚)들의 평균 일당증체량은 850g이었고, 후보종모돈(種牡豚)들의 평균 일당증체량은 1,050g이었다. 일당증체량의 유전력이 0.4라고 가정하면, 다음 세대에 태어난 자돈들의 예상되는 평균 일당증체량[g]은?

① 830
② 850
③ 950
④ 1,050

ANSWER 19.③ 20.①

19 잡종강세 표현율 $= \left(\dfrac{F_1 \text{ 평균} - \text{양친 평균}}{\text{양친 평균}}\right) \times 100$이므로 F_1의 평균 일당증체량을 x라고 하면,

$$5 = \left(\frac{x - \dfrac{680+720}{2}}{\dfrac{680+720}{2}}\right) \times 100 = \left(\frac{x-700}{700}\right) \times 100\text{이다.}$$

따라서 $x = 735$이다.

20 일당증체량 = 모집단 평균 + 유전력(개체평균 − 모집단 평균)

자돈의 평균 일당증체량 $= \dfrac{750 + 0.4(850-750) + 750 + 0.4(1{,}050-750)}{2} = \dfrac{790+870}{2} = 830$이다.

가축육종

2010. 5. 22. 제1회 지방직 시행

1 암퇘지의 평균 산자수가 7.4두였다. 이때 산자수를 개량하려고 선발한 암퇘지의 평균 산자수가 8.4두였다면 선발차는?

① −1.0
② −0.5
③ 0.5
④ 1.0

2 양(sheep)의 모색관련 유전양식에서 흑모(black wool)는 백모(white wool)에 대하여 열성으로 작용한다. 대단위 임의 교배 집단에서 모색을 조사한 결과, 흑모인 양이 차지하는 비율이 1%였다. 모색이 백모이면서 유전자형이 이형접합체인 양이 전체 집단에서 차지하는 비율은?

① 1%
② 9%
③ 18%
④ 50%

ANSWER 1.④ 2.③

1 선발차는 선발된 군의 평균치(M')와 원집단의 평균치(M)의 차(M' − M)이다.
따라서 선발차는 8.4 − 7.4=1.0이다.

2 백모에 대하여 열성으로 작용하는 흑모가 발현된 개체(ww)가 0.01이므로 흑모 유전자(w)의 빈도는 0.1이고 백모 유전자(W)의 빈도는 0.9이다. 따라서 각 유전자형이 집단에서 차지하는 비율은 다음과 같다.
백모(WW) = 0.9 × 0.9 = 0.81 → 81%
백모(Ww, wW) = 0.9 × 0.1 × 2 = 0.18 → 18%
흑모(ww) = 0.1 × 0.1 = 0.01 → 1%

3 **대립유전자간의 상호작용에 의한 유전현상만을 모두 고른 것은?**

> ㉠ 토끼의 색원체 유전자에 의한 모색
> ㉡ 쇼트혼의 피모색
> ㉢ 닭의 볏모양
> ㉣ 닭의 역우 현상

① ㉠, ㉡, ㉢
② ㉠, ㉡, ㉣
③ ㉡, ㉢, ㉣
④ ㉠, ㉢, ㉣

ANSWER 3.②

3 ㉢ 닭의 볏모양은 보족유전자로 인한 유전현상이다. 보족유전자는 비대립관계에 있는 2쌍 이상의 유전자가 독립적으로 유전하면서 기능상 협동적으로 작용하여 양친에게는 없는 새로운 특정 형질을 나타내도록 하는 유전자이다.

※ 유전자의 작용

㉠ 대립유전자간의 상호작용

- 불완전우성 : F1이 완전히 한쪽 어버이의 형질만 표현하는 완전우성에 비하여 F1이 양친의 중간적 형질을 나타내는 경우→닭의 역우 현상
- 공우성 : 이형접합체의 표현형이 동형접합체인 양친의 어느 한쪽의 표현형과 일치하거나 또는 유사하지도 않고, 양쪽 표현형을 어느 한쪽으로 조금도 치우침 없이 그대로 다 발현하는 경우→사람의 MN 혈액형
- 복대립유전자 : 동일 유전자좌를 차지할 수 있는 3개 이상의 대립유전자 중에서 어떤 한 개의 대립유전자가 임의의 다른 2개 이상의 대립유전자와 각각 대립하여 우열관계를 나타내는 경우→토끼의 색원체 유전자에 의한 모색

㉡ 비대립유전자간의 상호작용

- 보족유전자 : 비대립관계에 있는 2쌍 이상의 유전자가 독립적으로 유전하면서 기능상 협동적으로 작용하여 양친에게는 없는 새로운 특정 형질을 나타내도록 하는 유전자→닭의 볏모양
- 상위유전자 : 유전자좌가 다른 비대립유전자가 우성유전자의 발현을 피복함으로써 발현을 억제시키는 작용을 상위작용이라고 하며, 이때 피복작용을 하는 유전자를 상위유전자, 발현이 억제된 유전자를 하위유전자라고 한다.

4 Holstein 종 피모색 유전양식은 적색이 흑색에 대하여 열성이다. Hardy – Weinberg 평형인 4,000두의 집단을 조사하였더니 40두가 적색이었다. 이 집단에서 적색개체를 매세대마다 모두 도태한후 임의 교배를 통해 세대를 유지할 경우, 4,000두의 집단에서 10두가 적색이 되는 시점까지 소요되는 세대수는?

① 40세대
② 30세대
③ 20세대
④ 10세대

5 6개의 독립적인 좌위의 유전자형이 'AABbCcddEeFf'인 개체가 있다. 영문 대문자는 소문자에 완전우성이며 각각의 우성대립유전자 효과는 ⌒40이고 또한 각각의 열성대립유전자 효과는 ⌣20이다. 동형접합 유전자형가는 각각의 대립유전자효과의 합이고 이형접합 유전자형가는 우성동형접합 유전자형가와 같다. 이 개체의 유전자조합가의 총합은?

① 8
② 16
③ 24
④ 32

ANSWER 4.④ 5.③

4 적색이 흑색에 대하여 열성이므로 4,000두 중 40두가 적색인 시점에서 적색 유전자의 유전자 빈도는 0.1이고, 4,000두 중 10두가 적색이 되는 시점에서 적색 유전자의 유전자 빈도는 0.05이다.

세대수 = $\frac{1}{\text{최종유전자빈도}} - \frac{1}{\text{처음유전자빈도}}$ 이므로 $\frac{1}{0.05} - \frac{1}{0.1} = 20 - 10 = 10$이다.

※ Hardy–Weinberg 법칙 … 무작위교배를 하는 큰 집단에서는 돌연변이, 선발, 이주, 격리 및 유전적 부동과 같은 요인이 작용하지 않을 때 유전자빈도와 유전자형빈도는 오랜 세대를 경과하여도 변화하지 않고 일정하게 유지된다.

5 유전자조합가(Gene Combination Value, GCV)는 개체의 유전자형가 중에서 유전자 조합효과에 기인하는 부분으로 우성효과와 상위성효과로 인해 부모로부터 자손으로 전달될 수 없는 부분을 말한다.
따라서 36 – 12 = 24이다.

6 **다음 제시문에서 설명하고 있는 유전자는?**

> 자기 자신으로는 단독으로 형질발현 작용을 못하지만 특정 표현형을 담당하고 있는 주 유전자(major gene)와 공존할 때, 주 유전자에 의해 발현되는 형질의 표현형을 양적 또는 질적으로 변화시키는 1군의 유전자를 지칭한다. 홀스타인종 젖소에서 나타나는 백반의 크기가 개체 마다 다른 것이 이러한 유전자들의 작용 때문인 것으로 알려져 있다.

① 동의 유전자
② 상위 유전자
③ 억제 유전자
④ 변경 유전자

7 **현행 한우의 검정체계에 대한 내용으로 옳지 않은 것은?**

① 한우의 검정기간은 당대검정과 후대검정을 합해 약 54개월이 소요된다.
② 당대검정은 생후 7개월에서 12개월까지 수송아지를 대상으로 6개월간 이루어진다.
③ 후대검정은 당대검정에서 선발된 후보 씨수소의 정액으로 태어난 암송아지와 수송아지를 대상으로 실시한다.
④ 보증종모우는 후대검정을 필한 후보종모우 중 유전능력이 우수한 개체에서 선발한다.

8 **젖소 종모우 선발을 위한 후대검정의 정확도에 영향을 주는 요인만을 모두 고른 것은?**

> ㉠ 자손의 수
> ㉡ 교배빈우의 유전능력
> ㉢ 유전력
> ㉣ 세대 간격

① ㉠, ㉡, ㉢
② ㉠, ㉡, ㉣
③ ㉡, ㉢, ㉣
④ ㉠, ㉢, ㉣

ANSWER 6.④ 7.③ 8.①

6 제시된 내용은 변경 유전자에 대한 설명이다.

7 ③ 후대검정은 보통 수송아지만을 대상으로 실시한다.

8 ㉣ 세대 간격은 젖소 종모우 선발을 위한 후대검정의 정확도에 영향을 주지 않는다.

9 **양적형질의 유전에 대한 설명으로 옳지 않은 것은?**

① 양적형질에 대한 유전력의 범위는 0에서 1이다.
② 유전력은 전체변이중 유전효과에 의하여 설명되는 변이의 비율을 말한다.
③ 동일형질에 대한 유전력은 집단 간의 차이가 없다.
④ 유전력은 반복력보다 항상 작거나 같다.

10 **한우의 유전적 개량효과를 높이기 위한 방법들을 기술한 내용으로 옳지 않은 것은?**

① 12개월령 체중 및 일당증체량 등의 발육형질 개량은 다수의 당대검정으로부터 소수의 후보종모우 선발로 선발강도를 높게 한다.
② 도체형질의 개량효과를 높이기 위하여 후대검정을 실시한다.
③ 인공수정 및 수정란이식은 종모우당 자손수를 증가시켜 우수 보증종모우의 선발강도와 정확성을 높이는데 기여한다.
④ 보증종모우 선발을 위한 육종가 추정치의 정확도를 향상시키기 위하여 후대검정에 공시할 후보종모우 두수를 증가시킨다.

11 **젖소에 있어서 특정개체 A가 있다. 개체 A와 A의 조부 간의 혈연계수는? (단, 두 개체의 근교계수는 '0'인 것으로 가정한다)**

① 0.125 ② 0.25
③ 0.375 ④ 0.5

ANSWER 9.③ 10.④ 11.②

9 ③ 동일형질에 대한 유전력도 집단 간 차이가 존재한다.

10 ④ 개체 A의 육종가 추정치 = 2 × (개체 A 자손들의 평균 − 전체 평균)이므로 육종가 추정치의 정확도를 향상시키기 위해서는 검정 대상우 두수를 증가시킨다.

11 부모로부터 유전되는 대립유전자가 자식이 갖는 대립유전자와 동일할 확률은 0.5로 계산되어지므로, 조부모와 손주 사이의 혈연계수는 0.25가 된다.

12 근친교배와 관련한 설명으로 옳지 않은 것은?

① 근친교배를 실시하면 집단의 균일성이 향상된다.
② 근친교배는 불량 열성유전자를 제거하는데 이용할 수 있다.
③ 근친교배는 근교계통을 육성하는데 이용된다.
④ 근친교배를 통해 생산된 자손은 우성효과에 의해 생산능력이 향상된다.

13 혈통기록이 없는 젖소 A의 1회 산유능력 검정 결과를 가지고 육종가를 추정하였더니 350kg 이었다. 육종가를 추정하는데 이용한 유량의 유전력이 0.36이었다면, 추정된 육종가의 정확도는?

① 0.25
② 0.36
③ 0.50
④ 0.60

14 돼지에서 실용축 생산을 위해 이용되고 있는 교배방법 중 모계잡종강세를 기대하기 어려운 교배방법은?

① 2원교잡
② 3원교잡
③ 퇴교배
④ 4품종 종료윤환교배

ANSWER 12.④ 13.④ 14.①

12 근친교배는 동형접합체(homozygote)의 비율을 증가시키고 이형접합체(heterozygote)의 비율을 감소시킨다. 따라서 근친교배의 가장 중요한 유전적 효과는 유전자의 호모(homo)성을 증가시키고 헤테로(hetero)성을 감소시키는 것이다.
④ 근친도가 높아지면 유전자의 호모(homo)성이 증가됨에 따라 여러 가지 불량한 결과가 나타난다. 즉, 각종 치사유전자와 기형이 나타나는 빈도가 높아지며, 수정률, 성장률, 산란능력, 생존율 등에도 좋지 못한 영향을 미치게 된다.

13 실생산능력 추정의 정확도는 $\sqrt{\dfrac{nr}{1+(n-1)r}}$ 이므로 $\sqrt{0.36}=0.6$이다.

14 ① 두 품종간 교배에 의하여 생산되는 1대잡종을 비육돈으로 사육하는 것이다. 1대잡종 비육돈에서는 잡종강세가 충분히 나타나지만, 1대잡종의 생산에 쓰이는 모돈은 순종이므로 모돈의 잡종강세를 이용하지 못한다.

15 돼지에서 3품종 종료교배의 장점에 해당하는 것은?

① 대체종빈돈의 생산
② 종료 웅돈의 잡종강세효과 이용
③ 모돈의 잡종강세효과 이용
④ 품종유지비용이 3품종 윤환교배보다 적음

16 어느 계군의 8주령시 체중에 대한 개체선발을 하였을 때 종계로 선발된 암탉과 수탉의 선발차가 각각 100g과 300g이었고, 8주령시 체중의 유전력이 0.4라면 이 선발에 의해 기대되는 유전적 개량량[g]은?

① 80
② 100
③ 200
④ 300

17 닭의 깃털성장 유전자인 만우성(K)과 조우성(k) 유전자는 성염색체(Z) 상에 위치하여 유전을 한다. 만우성 암컷과 조우성 수컷의 교배를 통해 생산된 병아리의 깃털성장은?

① 수컷은 조우성, 암컷은 만우성
② 수컷은 만우성, 암컷은 조우성
③ 암컷의 반만 만우성
④ 암컷과 수컷의 반반이 만우성

ANSWER 15.③ 16.① 17.②

15 3품종 종료교배는 모돈의 잡종강세를 충분히 이용할 수 있으므로, 번식능력이 우수하여 복당산자수가 많고 비유능력과 자돈의 포육능력이 우수하다.

16 유전적 개량량의 이론치 $\Delta G = h^2 S$이다. (h^2 : 유전력, S : 선발차)이다. 따라서 제시된 선발에서 기대되는 유전적 개량량은 $\frac{100+300}{2} \times 0.4 = 80$이다.

17 우성인자인 만우성 암컷($Z^K W$)과 열성인 조우성 수컷($Z^{k^+} Z^{k^+}$)을 교배시켰을 때 암컷의 형질은 수평아리에 나타나고, 수컷의 형질은 암평아리에만 나타난다. 깃털감별법은 조우성과 만우성에 관여하는 유전자(K, k^+)가 성염색체(Z) 상에 위치하기 때문에 반성유전 양식을 이용하여 성을 판별하는 원리이다.

18 어느 모돈의 1산차 포유개시 자돈수가 9두이다. 돈군의 평균포유개시 두수는 10두, 반복력은 30%, 유전력은 10%인 경우 이 모돈의 포유개시 자돈수에 대한 육종가는?

① 9.8두
② 9.9두
③ 10.0두
④ 10.1두

19 최근 최적선형불편예측(BLUP)법이 가축의 유전적 능력을 평가하는데 많이 사용된다. 다음 중 BLUP법의 장점에 해당하지 않는 것은?

① 오직 한 집단의 통계량을 이용하여 가장 효과적으로 개량할 수 있다.
② 시간이 경과함에 따른 집단의 유전적 변화를 고려할 수 있다.
③ 개체의 기록은 물론 모든 혈연관계가 있는 가축의 자료를 이용할 수 있다.
④ 비 임의교배로 인한 편의를 고려할 수 있다.

ANSWER 18.② 19.①

18 육종가 $= \overline{X} + \frac{nh^2}{1+(n-1)r}(X-\overline{X})$이므로 $10+0.1(9-10)=10-0.1=9.9$두이다. ($\overline{X}$는 개체의 평균, r은 반복력, n은 기록수, h^2은 유전력)

19 ① 최적선형불편예측(BLUP)을 이용하여 모든 정보를 최대한 이용하여 최선의 육종가에 의해서 종돈을 선발하는 방법이 이용되고 있는 추세이다.

20 간접선발이 직접선발보다 그 효과가 우수해질 조건만을 모두 고른 것은?

> ㉠ 개량을 원하는 형질을 정확히 측정할 수 없을 때
> ㉡ 간접선발하는 형질의 선발강도가 낮을 때
> ㉢ 개량을 원하는 형질이 한성형질일 때
> ㉣ 간접선발하는 형질의 유전력이 선발(개량)하고자 하는 형질의 유전력보다 클 때

① ㉠, ㉡, ㉢
② ㉠, ㉡, ㉣
③ ㉡, ㉢, ㉣
④ ㉠, ㉢, ㉣

ANSWER 20.④

20 X라는 형질을 개량하려고 할 때 X 대신 Y라는 형질에 대해 선발하여 X형질에 상관반응이 나타나게 함으로써 X형질을 개량하는 방법이 간접선발이다. 간접선발은 X와 Y형질 간의 유전상관계수가 높아야 하고, Y형질의 유전력이 X형질의 유전력보다 훨씬 높아야 직접선발보다 우수해질 수 있다. 간접선발은 개량하려고 하는 형질을 정확하게 측정하기 곤란하여 그 형질의 유전력이 낮은 경우 또는 개량하려고 하는 형질이 한쪽 성에만 발현되어 다른 쪽 성의 개체에 대해서는 개체선발을 할 수 없는 경우 이용성이 증가된다.

가축육종

2011. 5. 14. 제1회 지방직 시행

1 가축의 형질 중 양적형질에 속하는 것은?

① 젖소의 비유량
② 돼지의 백색모
③ 소의 뿔
④ 한우의 혈액형

2 동물의 유전체에서 단일염기치환으로 DNA 다형성을 나타내는 유전적 표지인자(genetic marker)는?

① SNP
② Microsatellite
③ RFLP
④ RAPD

3 소의 무각유전자는 유각유전자에 대해 완전우성인 것으로 알려져 있다. 무각유전자가 동형접합체인 앵거스종과 유각유전자가 동형접합체인 한우와의 교배에서 생산되는 F_1에서 무각인 개체의 비율(%)은?

① 0
② 25
③ 55
④ 100

ANSWER 1.① 2.① 3.④

1 양적형질과 질적형질
㉠ 양적형질 : 연속적 변이를 나타내는 형질→젖소의 비유량, 돼지와 고기소의 증체량, 닭의 산란수 등
㉡ 질적형질 : 연속성이 없는 불연속적인 변이→소와 양의 뿔의 유무, 돼지의 모색 및 닭의 볏 형태 등

2 SNP(Single Nucleotide polymorphism) … DNA 염기서열에서 하나의 염기서열(A, T, G, C)의 차이를 보이는 유전적 변화 또는 변이를 단일핵산염기다형현상이라고 한다.

3 무각유전자가 동형접합체인 앵거스종의 유전자형은 PP이고 유각유전자가 동형접합체인 한우의 유전자형은 pp이므로 이 둘을 교배하여 나온 F_1의 개체의 유전자형은 Pp로 모두 무각이다.

4 대립형질의 수가 2쌍인 닭의 장미관흑색(RRww)과 단관백색(rrWW)의 교배에서 나타나는 F_2의 유전자형 종류의 수는?

① 4　　② 9
③ 16　　④ 25

5 생식세포 분열시 상동염색체간의 교차가 일어나는 시기는?

① 제1감수분열 전기　　② 제1감수분열 중기
③ 제2감수분열 전기　　④ 제2감수분열 중기

ANSWER 4.② 5.①

4 RRww와 rrWW의 교배에서 나타나는 F_1의 유전자형은 RrWw(장미관백색)이다. F_2의 유전자형은 다음과 같이 구할 수 있다.

F1의 암수		정자			
		RW	Rw	rW	rw
난자	RW	RRWW	RRWw	RrWW	RrWw
	Rw	RRWw	RRww	RrWw	Rrww
	rW	RrWW	RrWw	rrWW	rrWw
	rw	RrWw	Rrww	rrWw	rrww
F2의 유전자형 (9종)		RRWW → 1/16	RRww → 1/16	rrWW → 1/16	rrww → 1/16
		RRWw → 2/16	RrWW → 2/16	Rrww → 2/16	rrWw → 2/16
		RrWw → 4/16	−	−	−

5 생식세포 분열에서 상동염색체 간의 교차가 일어나는 시기는 제1감수분열 전기이다.

※ 생식세포 분열

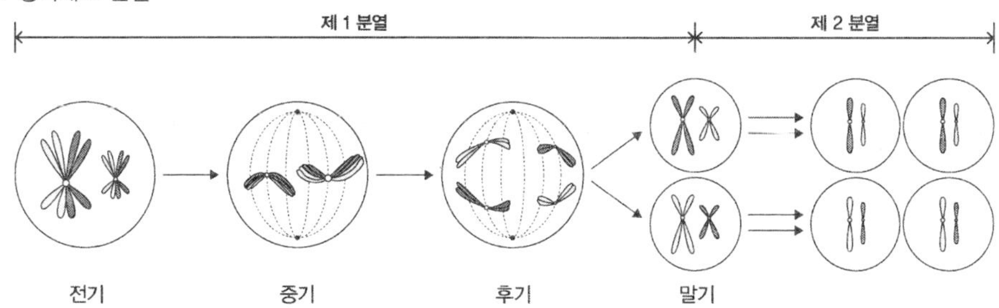

6 양적형질의 유전자형가를 구성하는 요소들을 모두 고른 것은?

㉠ 표현형가	㉡ 육종가
㉢ 우성효과	㉣ 상위성 효과
㉤ 영속적 환경효과	㉥ 일시적 환경효과

① ㉠㉡㉢ ② ㉡㉢㉣
③ ㉢㉣㉤ ④ ㉠㉤㉥

7 앵거스종에서 흑모는 적모에 대해 완전우성을 나타내는데, 전체 200두 중 18두의 모색이 적색일 경우 적색 유전자빈도는? (단, 이 형질에 대해 Hardy-Weinberg 평형상태에 있는 집단으로 가정)

① 0.09 ② 0.18
③ 0.30 ④ 0.75

8 정규분포를 이루고 있는 100마리 소의 집단에서 이들 전체의 흉위 측정치 평균이 200cm였고, 표준편차는 30cm이었다. 이 집단에서 평균 ±2표준편차(200±60) 범위에 속하는 마리 수는 통계적으로 몇 마리로 추정될 수 있는가?

① 68 ② 88
③ 95 ④ 100

ANSWER 6.② 7.③ 8.③

6 유전자형가 G = A(육종가) + D(우성 효과) + I(상위성 효과)의 3부분으로 구성된다.

7 흑모가 적모에 대해 완전우성으로 작용하는데, 적모가 발현된 개체(rr)가 0.09이므로 적모(r)의 유전자빈도는 0.3이다.

8 $Z = \frac{(\text{측정치} - \text{측정치 평균})}{\text{표준편차}}$ 이다. 이 집단에서 평균 ±2표준편차(200±60) 범위에 속하는 마리 수를 추정하는 것이므로 측정치가 200 + 60 = 260과 200 − 60 = 140이 된다.

즉, $Z = \frac{(260-200)}{30} = 2$와 $Z = \frac{(140-200)}{30} = -2$이고 표준정규분포표에서 이에 해당하는 값은 0.4772이다.

따라서 0.4772 × 2 = 0.9544로 약 95%, 100마리 중 95마리가 평균 ±2표준편차(200±60) 범위에 속한다.

9 어느 종돈장에서 검정을 한 결과 평균일당증체량은 800g이었고, 표현형 표준편차는 50g이었다. 이 농장에서 생산하는 돼지의 일당증체량을 증가시키고자 종돈들을 선발한 결과, 선발된 종돈들의 평균일당증체량이 900g이었다면, 이 형질에 대한 선발강도는?

① 2
② 5
③ 10
④ 15

10 5두의 종모우에서 종모우 1두당 10두의 반형매 자손들의 일당증체량을 조사하여 분산분석한 결과가 아래 표와 같다. 이 때 일당증체량의 상가적 유전분산은? (σ_s^2 : 부의 분산성분, σ_w^2 : 자손의 분산성분)

분산의 근원	자유도	분산	분산의 이론치
종모우간	4	4,250	$\sigma_w^2 + k\sigma_s^2$
자손/종모우	45	1,750	σ_w^2

① 4,250
② 1,750
③ 1,000
④ 500

ANSWER 9.① 10.③

9 선발강도 $i = \frac{S}{\sigma_P}$로, 여기서 S는 선발차이며 σ_P는 해당 형질의 표현형 표준편차이다. 즉, 선발강도는 선발차를 표현형 표준편차로 나눈 값이다.

따라서 이 형질에 대한 선발강도는 $\frac{900-800}{50} = 2$이다.

10 종모우간 자유도 $4 \rightarrow n-1=4$이므로 $n=5$

자손/종모우간 자유도 $45 \rightarrow n(k-1)=45$이므로 $k=10$

종모우 효과의 몫은 σ_s^2이므로 공식에 의해 $\sigma_s^2 = \frac{V(s)-V(c)}{k} = \frac{4,250-1,750}{10} = 250$

종모우간 제곱평균의 기댓값 = 종모우 효과 + 잔차의 분산

종모우 내 자식간 제곱평균의 기댓값 = 잔차의 분산

종모우 효과의 유전분산은 평균 4를 곱한다(유전분산 추정치 계산). ∵ 종모우 효과는 유전분산의 1/4이므로

따라서 $250 \times 4 = 1,000$

11 한우 암소의 개량 측면에서 중요도가 가장 낮은 것은?

① 연령
② 발육 및 도체성적
③ 혈통
④ 번식능력

12 동물의 체세포분열 과정 중 2개의 상동염색분체가 분리되어 반대극으로 이동하는 시기는?

① 전기
② 중기
③ 후기
④ 말기

13 국내 양돈장에서는 번식능력 및 포육능력이 우수한 품종간 교배를 통해 생산된 자손을 모돈(dam)으로 이용하여 성장률 및 사료효율이 우수한 부계품종과 교배하는 3원교배 방식을 적용하고 있다. 이 때 주로 활용되는 대표적인 3원교배용 부계(sire)의 품종은?

① 랜드레이스종
② 듀록종
③ 햄프셔종
④ 대요크셔종

ANSWER 11.① 12.③ 13.②

11 한우 암소의 개량 측면에서 중요도가 높은 형질은 번식능력, 산육능력 및 도체품질, 혈통 등으로 연령은 중요도가 가장 낮다.

12 동물의 체세포분열 과정 중 2개의 상동염색분체가 분리되어 반대극으로 이동하는 시기는 후기이다.
※ 체세포분열

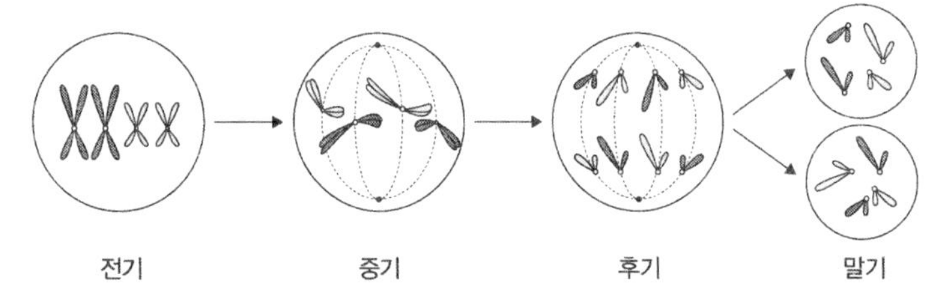

13 Landrace와 Largewhite종은 산자수와 자돈 육성능력이 우수해 모계로 주로 사용되고 있고, Duroc종은 성장률과 사료요구율이 특히 좋아 부계로 많이 사용된다.

14 포유류의 X염색체나 조류의 Z염색체에서 성과 연관하여 유전하는 반성유전의 형질이 아닌 것은?

① 닭의 횡반깃털 ② 닭의 볏모양
③ 혈우병 ④ 색맹

15 가축의 유전력에 대한 설명으로 옳은 것은?

① 한 개체에 대하여 특정 형질이 반복하여 발현된 기록들 간의 상관계수이다.
② 다수의 개체들로 구성된 집단의 평균능력과 개체능력간의 차이이다.
③ 특정 형질의 전체변이 중에 유전효과로 설명될 수 있는 부분의 비율이다.
④ 집단 전개채의 평균능력과 선발된 우수개체들의 평균능력간의 차이이다.

16 후대검정을 이용하여 가축을 개량하고자 할 때, 개량효과를 기대하기 어려운 경우는?

① 한쪽 성에만 발현되는 형질을 개량하는 경우
② 도살을 통해 측정할 수 있는 형질을 개량하는 경우
③ 유전력이 낮은 형질을 개량하는 경우
④ 수가축보다 암가축을 선발하는 경우

ANSWER 14.② 15.③ 16.④

14 ② 닭의 볏모양은 보족유전자로 인한 유전현상이다. 보족유전자는 비대립관계에 있는 2쌍 이상의 유전자가 독립적으로 유전하면서 기능상 협동적으로 작용하여 양친에게는 없는 새로운 특정 형질을 나타내도록 하는 유전자이다.

15 유전력은 특정 형질의 전체변이 중에 유전효과로 설명될 수 있는 부분의 비율로, 좁은 의미의 유전력은 전체분산 중에서 상가적 유전분산이 차지하는 비율을 말하며 넓은 의미의 유전력은 전체분산 중에서 유전자형 분산이 차지하는 비율을 말한다.
① 반복력에 대한 설명이다.
④ 선발차에 대한 설명이다.

16 ④ 한 마리의 수종축은 암종축에 비해 많은 수의 자손을 남길 수 있으므로 수가축에 대한 후대검정이 암가축에 대한 후대검정보다 실시하기가 용이하다.
※ 후대검정이 유익하게 이용되는 경우
㉠ 젖소의 산유능력과 같이 한쪽 성에만 발현되는 형질을 개량할 때
㉡ 개량하고자 하는 형질의 유전력이 낮아 개체선발을 효과적으로 이용할 수 없을 때
㉢ 도살해야만 측정할 수 있는 형질을 개량할 때

17 개체 X의 혈통정보가 아래 그림과 같을 때, 이에 대한 설명으로 옳지 않은 것은?

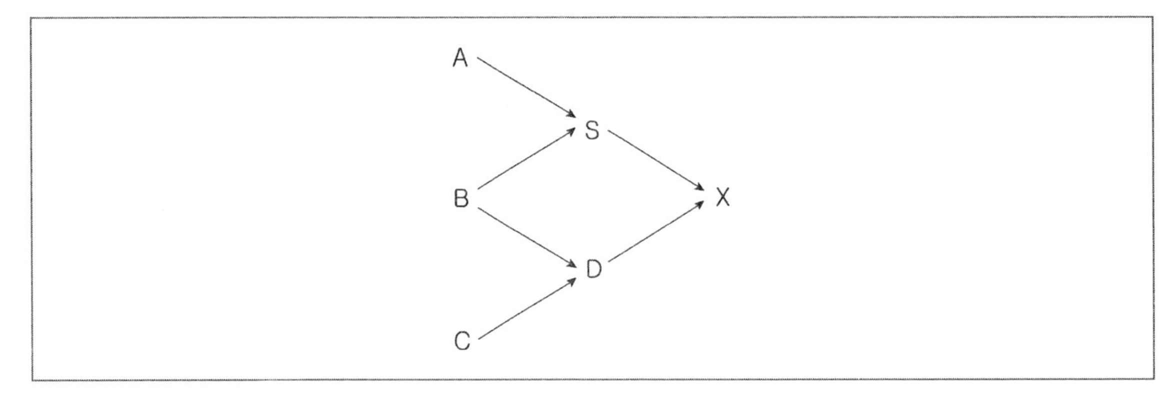

① S와 D의 혈연관계는 전형매이다.
② 개체 X의 근교계수는 0.125이다.
③ S와 D간의 혈연계수는 0.25이다.
④ 개체 B는 개체 X의 공통선조이다.

18 가축의 선발효과를 크게 하는 방법으로 옳지 않은 것은?

① 종축으로 선발되는 가축의 수를 최소화한다.
② 축군 내의 가축을 가능한 균일한 사양관리 조건하에서 사육한다.
③ 환경변이의 요인을 구분하여 통계적으로 보정을 실시한다.
④ 집단의 표현형 표준편차를 최대화한다.

ANSWER 17.① 18.④

17 ① 전형매는 양친이 모두 같은 형제자매로 S와 D는 반형매이다.

18 선발효과를 크게 하기 위해서는 선발차를 크게 하고, 형질의 유전력이 높아야 하며, 세대간격을 짧게 해야 한다.
④ 표현형 표준편차가 커지면 유전력이 낮아진다. 따라서 선발효과를 크게 하기 위해서는 집단의 표현형 표준편차를 최소화한다.

19 3회의 비유량 기록수를 가진 젖소의 평균비유량은 8,500kg이었고, 이 개체가 속한 집단의 평균비유량은 8,200kg이었다. 비유량의 유전력이 30%, 반복력이 40%일 경우 이 개체의 육종가는?

① 8,500kg
② 8,450kg
③ 8,350kg
④ 8,300kg

20 다음 그림은 닭의 3종류 유전자(A, B, C)가 상동염색체상에 위치할 경우 이들 유전자간 교차가로 계산된 유전적 거리를 나타낸 것이다. 이 때 A와 C의 거리가 A와 B, B와 C의 합한 거리보다 짧은 이유는?

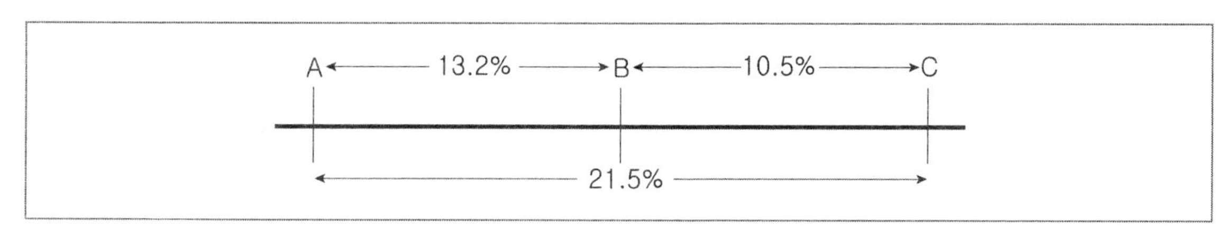

① A와 B 유전자간 2회의 교차가 일어났기 때문이다.
② B와 C 유전자간 2회의 교차가 일어났기 때문이다.
③ A와 B 유전자간 1회, B와 C 유전자간 2회의 교차가 일어났기 때문이다.
④ A와 B 유전자간, B와 C 유전자간 교차가 동시에 1회씩 일어났기 때문이다.

ANSWER 19.③ 20.④

19 육종가 $= \overline{X} + \frac{nh^2}{1+(n-1)r}(X-\overline{X})$이므로 $8,200 + \frac{3\times0.3}{1+(3-1)\times0.4}(8,500-8,200) = 8,350$kg이다. ($\overline{X}$는 개체의 평균, r은 반복력, n은 기록수, h^2은 유전력)

20 이중교차란 세 개의 유전자들 사이에서 두 개 교차가 동시에 일어나는 것으로, A, B, C의 관련된 세 유전자에서 A-B 구간과 B-C 구간에서 동시에 교차가 일어나는 경우이다. 이중교차가 일어날 경우 두 거리의 합의 기대치보다 실측치가 짧게 나타난다.

가축육종

2014. 6. 28. 서울특별시 시행

1 **가축육종에 대한 설명으로 옳지 않은 것은?**

① 가축의 생산효율을 증진한다.
② 생산물의 질적 개량을 포함한다.
③ 고부가 가치의 종축을 생산한다.
④ 개체들에 대한 유전능력을 평가한다.
⑤ 개량에 영향을 미치는 유전적 효과는 일시적이다.

2 **동물세포의 세포주기에 있어서 DNA의 합성이 이루어지는 단계는 다음 중 어느 단계인가?**

① S기
② G1기
③ G0기
④ G2기
⑤ 유사분열기

3 **2배체(2n) 생명체의 감수분열 단계에서 염색체수가 반감(n)된 세포는 어느 것인가?**

① 정원세포
② 난원세포
③ 제1정모세포
④ 제2정모세포
⑤ 제1난모세포

ANSWER 1.⑤ 2.① 3.④

1 가축육종은 가축을 유전적으로 개량하여 이용가치가 높은 새로운 품종을 육성하고 실용화는 것을 의의로 삼는다.
⑤ 개량에 영향을 미치는 유전적 효과는 항구적이다.

2 ① S기는 DNA 및 히스톤 단백질 등의 복제를 함에 따라 새로운 염색체를 복제하고 합성하는 단계이다.

3 ④ 제1정모세포가 감수분열 제1분열에 의하여 2개의 제2정모세포가 되면서 염색체수가 반감한다.

4 다음 중 비대립유전자간 상호작용에 의한 유전현상이 아닌 것은 어느 것인가?

① 보족유전자 작용
② 상위성유전자 작용
③ 복대립유전자 작용
④ 중복유전자 작용
⑤ 상가유전자 작용

5 유전자 좌위를 서로 달리하는 상이한 두 유전자가 동일 염색체상에 존재하여 마치 공동의 유전행동을 취하는 것처럼 발현되기 때문에 마치 단일 유전자에 의하여 발현되는 것처럼 유전되는 현상을 무엇이라 하는가?

① 연관(Linkage)
② 교차(Crossing Over)
③ 염색체 지도(Chromosome map)
④ 주 유전자(Major gene)
⑤ 유전자 다면작용(Pleiotropic gene)

ANSWER 4.③ 5.①

4 ③ 복대립유전자란 동일유전자 자리에서 형질발현에 대한 작용이 조금씩 다른 일군의 유전자로, 대립유전자간 상호작용에 해당한다.

※ 유전자간 상호작용

㉠ 대립유전자간 상호작용 : 한 쌍의 대립유전자에 대하여 이형접합인 Aa개체가 어떤 형질을 나타냄에 있어서 A와 a의 공동 작용으로 표현형이 결정되는 경우

㉡ 비대립유전자간 상호작용 : 어떤 형질의 발현에 있어서 2쌍 혹은 그 이상의 비대립 유전자들이 직접 또는 간접적인 공동 작용에 의하여 표현형이 결정되는 경우

5 ② 교차 : 감수분열 때 형성된 2가 염색체가 꼬이면서 상동염색체의 대립유전자 사이에서 재조합이 일어나는 현상

③ 염색체 지도 : 각각의 염색체특정 부위나 유전자의 상대적 위치를 그림으로 나타낸 것

④ 주 유전자 : 많은 유전자 중에 표현형 발현에 뚜렷하게 관여하는 유전자

⑤ 유전자 다면작용(다면발현) : 1개의 유전자가 2개 이상의 유전 현상에 관여하여 형질에 영향을 미치는 것

6 **서로 다른 2개의 비상동 아단염색체가 동원체를 서로 융합하여 하나의 새로운 중앙 또는 아중앙 염색체를 생성하는 염색체 이상현상을 무엇이라 하는가?**

① 평동원체 역위(paracentric inversion)
② 협동원체 역위(pericentric inversion)
③ 상호 전좌(reciprocal translocation)
④ 로버트소니언 전좌(Robertsonian translocation)
⑤ 삽입 전좌(insertional translocation)

7 **양친 중 아비의 유전자형이 bbCC형인 개체 45마리와 어미의 유전자형이 BBcc형인 개체 25마리를 교배하여 F1에서 bbcc형인 개체가 12마리, BBCC형인 개체가 18마리가 출생하였다. 이때 두 유전자의 조환가는 얼마인가?**

① 12%
② 15%
③ 30%
④ 45%
⑤ 70%

ANSWER 6.④ 7.③

6 ① 평동원체 역위 : 역위(동일 염색체내 두 부위가 절단되어 위치가 바뀐 현상)된 영역에 동원체를 포함하지 않는 경우
② 협동원체 역위 : 역위된 영역에서 동원체를 포함하는 경우
③ 상호 전좌 : 전좌에 의해 상동이 아닌 2개의 염색체 간에서 염색체의 일부가 서로 교환하는 현상
⑤ 삽입 전좌 : 비상동염색체의 말단이 아닌 부위에 있는 염색체의 1단편이 삽입되는 것

7 교차에 의해서 새로운 유전자조합을 갖는 배우자가 출현하는 빈도를 교차율(조환가)이라고 한다. 교차율을 구하는 식은 $\frac{\text{교차로 생긴 생식세포의 수}}{\text{전체 생식세포의 수}} \times 100$이다.

$\therefore \frac{30}{100} \times 100 = 30$

8 **다음 보기는 혈연개체들간의 유전공분산에 대한 설명이다. 틀린 것으로만 짝지어진 것은?**

a. 자식과 부 또는 모간의 유전공분산은 $V_A/4$이다.
b. 자식과 양친 평균간의 유전공분산은 $V_A/4$이다.
c. 반형매간의 유전공분산은 $V_A/4$이다.
d. 전형매간의 유전공분산은 $V_A/4$이다.

① a, b, c
② b, c, d
③ a, c, d
④ a, b, d
⑤ a, b, c, d

9 **Angus종 육우 1,000두 집단에서 흑색 육우가 990두, 적색 육우가 10두 조사되었다. 흑색 육우 중 유전자형이 이형접합체인 개체수는 몇 두인가?**

① 90두
② 100두
③ 180두
④ 360두
⑤ 990두

ANSWER 8.④ 9.③

8 유전공분산 … 복수의 유전형질 서로 간에 상관이 있을 때 각각의 형질의 상관정도를 통계적인 변동의 공통요소로서 취급하기 위한 분산으로 반형매간의 유전공분산은 $V_A/4$이다.

9 적모가 발현된 개체(rr)가 0.01이므로 적모(r)의 유전자빈도는 0.1이다. 각 유전자형이 집단에서 차지하는 비율은 다음과 같다.
흑모(RR) = 0.9 × 0.9 = 0.81 → 81%
흑모(Rr, rR) = 0.9 × 0.1 × 2 = 0.18 → 18%
적모(rr) = 0.1 × 0.1 = 0.01 → 1%
따라서 흑색 육우 중 유전자형이 이형접합체인 개체수는 1,000두 중 18%인 180두이다.

10 Hardy-Weinberg 평형을 갖는 Angus 400두 집단에서 모색이 적색인 개체가 4두였다. 이중 적색을 갖는 개체는 모두 도태하여 번식에 이용하지 않는다는 가정하에 흑색 모색의 개체를 무작위 교배하여 10세대를 경과한 후 10,000두의 개체를 생산하였다면, 이들 중 적색의 모색을 갖는 개체는 몇 두인가?

① 4두
② 25두
③ 50두
④ 500두
⑤ 1,000두

11 한우의 체중에 대한 유전력을 0.4로 가정하고, 한우 1,000두 집단의 체중을 조사한 결과 평균이 500kg이었다. 이들 개체들 중에 100두를 선발하여 평균체중을 측정한 결과 550kg이었다면, 선발된 개체들로부터 태어난 자손들의 평균체중은 얼마로 추정되는가?

① 500kg
② 520kg
③ 550kg
④ 560kg
⑤ 600kg

ANSWER 10.② 11.②

10 400두 중 4두가 적색인 시점에서 적색 유전자의 유전자 빈도는 0.1이다.

세대수 $= \frac{1}{\text{최종유전자빈도}} - \frac{1}{\text{처음유전자빈도}}$ 이므로 $10 = \frac{1}{x} - \frac{1}{0.1}$, 즉 10세대를 경과한 후 적색 유전자의 최종유전자 빈도 $x = 0.05$이다.

따라서 10,000두의 개체 중 적색의 모색을 갖는 개체는 10,000 × 0.0025 = 25두이다.

11 추정치 = {(자손평균 − 전체평균) × 유전력} + 전체평균
= {(550−500) × 0.4} + 500
= 520

12 폐쇄된 집단에서 가축의 특정형질을 계속 선발하게 되면 일정시기가 도달할 때 더 이상 개량이 증가하지 않는데, 이를 선발 반응의 정체(plateau of selection response)라 한다. 이러한 선발 반응의 정체가 일어나는 원인으로 옳지 않은 것은?

① 장기간 선발에 따른 유전자의 고정
② 집단내 상가적 유전분산의 고갈
③ 유전과 환경간의 상호작용
④ 유전적 부동현상
⑤ 형질간의 상관관계

13 무작위 교배를 하는 임의의 큰 집단에서 유전자 빈도를 변화시키는 요인에 해당하지 않는 것은?

① 이주
② 복제
③ 선발
④ 돌연변이
⑤ 유전적 부동

ANSWER 12.⑤ 13.②

12 선발 반응 정체의 원인
㉠ 장기간 선발에 따른 유전자의 고정
㉡ 집단내 상가적 유전분산의 고걸
㉢ 유전과 환경간의 상호작용
㉣ 유전적 부동현상

13 유전자 빈도 변화 요인
㉠ 돌연변이
㉡ 이주
㉢ 격리
㉣ 자연선택
㉤ 유전자 부동

14 다음 중 유전력에 대한 설명으로 옳은 것은?

① 범위는 $-1 \sim +1$ 사이에 있다.
② 유전력은 형질에 따라 변이가 있다.
③ 유전력이 낮으면 개체선발이 효율적이다.
④ 유전력이 높으면 가계선발이 효율적이다.
⑤ 유전력의 추정치를 이용하여 선발반응을 예측할 수 없다.

15 다음 중 반복력에 대한 설명으로 옳지 않은 것은?

① 개체의 생산능력에 대한 선발 시에 이용한다.
② 동일한 개체에 대하여 특정형질이 반복 측정된 기록을 활용한다.
③ 최대가능생산능력을 추정할 수 있다.
④ 유전력과 같거나 큰 값을 갖는다.
⑤ 영구환경효과를 포함하지 않는 값이다.

ANSWER 14.② 15.⑤

14 ① 유전력의 범위는 0에서 1(퍼센트 개념일 경우 0%에서 100%까지) 사이에 있다.
③ 유전력이 높으면 개체선발이 효율적이다.
④ 유전력이 낮으면 가계선발이 효율적이다.
⑤ 유전력의 추정치를 이용하여 선발반응을 예측할 수 있다.

15 ⑤ 영구환경효과를 포함하는 값이다.
※ 반복력(repeatability) … 한 개체에 대하여 어느 형질이 반복하여 발현될 수 있을 때 같은 개체에 대한 2개의 다른 기록 사이의 상관계수를 반복력이라 한다.

16 평균세대간격이 5년인 어떤 형질의 유전력이 0.3이고, 선발차가 100이라고 한다. 이 형질의 연간개량량은 얼마인가?

① 6
② 15
③ 30
④ 150
⑤ 500

17 어떤 형질에 대한 설발강도가 30이고, 이 모집단의 분산이 25라고 한다. 이 형질의 선발차는 얼마인가?

① 0.83
② 1.2
③ 55
④ 150
⑤ 750

18 선발반응을 극대화하는 방법으로 옳지 않은 것은?

① 유전변이가 동일하다면 환경변이를 작게 한다.
② 선발차를 크게 한다.
③ 환경변이가 동일하다면 유전변이를 작게 한다.
④ 환경변이의 증가량보다 유전변이의 증가량을 크게 한다.
⑤ 가능한 강건한 젊은 가축을 번식에 이용한다.

ANSWER 16.① 17.④ 18.③

16 개량량 = 선발차 평균 × 유전력

$= \frac{100}{5} \times 0.3 = 20 \times 0.3 = 6$

17 선발강도 $= \frac{\text{선발차}}{\text{표현형 표준편차}}$

선발차를 x라 하면, $30 = \frac{x}{\sqrt{25}}$

$\therefore x = 30 \times 5 = 150$

18 ③ 환경변이가 동일하다면 유전변이를 크게 한다.

19 **우량한 종축을 선발하는 후대검정방법을 옳게 설명한 것은?**

① 동일한 사양관리 조건에서 사육된 가축들 가운데 우수한 개체를 골라 종축으로 이용
② 기록된 선조의 능력을 이용하여 우수한 개체를 조기에 선발하는 방법
③ 동일한 가계 내 개체들의 평균능력이 우수한 개체를 선발하는 방법
④ 해당개체 자손들의 평균능력을 추정하여 선발하는 방법
⑤ 선발대상 형질과 상관반응이 높은 형질을 대신 선발하는 방법

20 **다음 중 잡종교배(outbreeding)의 목적이 아닌 것은?**

① 잡종강세 효과를 얻기 위하여
② 품종간 보완효과를 얻기 위하여
③ 새로운 유전자를 도입하고자 할 때
④ 유전자 조합가를 높이기 위하여
⑤ 근교계를 조성하기 위하여

ANSWER 19.④ 20.⑤

19 후대검정방법 … 일정한 조건 아래 자손의 유전형질을 검사하여 어미의 유전자형 또는 유전적 능력 등을 판단하는 방법으로, 우수한 어미를 선발하는 데 이용된다.

20 잡종교배의 목적
㉠ 가축의 생산성을 높이고, 잡종강세를 이용하기 위해 이용된다.
㉡ 새로운 품종이나 계통을 만들 때 이용된다.
㉢ 새로운 유전자를 도입하기 위해 이용된다.

가축육종

2015. 6. 13. 서울특별시 시행

1 정상적인 세포에서 감수분열이 유사분열과 다른 점이 아닌 것은?

① 핵분열과 세포질분열 횟수
② 세포분열 결과 생성된 딸세포의 염색체 개수
③ 교차의 발생
④ 자매염색분체의 분리

2 유전자 좌위를 달리하는 2종의 유전자가 각기 고유의 단백질을 만드나, 단백질이 공동작용을 함으로써 전혀 다른 제3의 형질을 발현시키는 비대립유전자 작용은 무엇인가?

① 동의유전자 작용
② 상위유전자 작용
③ 다인자유전자 작용
④ 보족유전자 작용

ANSWER 1.④ 2.④

1 ④ 자매염색체의 분리는 감수분열과 유사분열에서 모두 일어난다.
① 유사분열은 1번의 분열과정을 거치지만 감수분열은 제1분열과 제2분열로 2번의 분열과정을 거친다.
② 유사분열의 결과로 생성된 딸세포의 염색체 개수는 모세포와 동일한 2n개인 반면, 감수분열의 결과로 생성된 딸세포의 염색체 개수는 모세포의 절반인 n개이다.
③ 유사분열은 모세포와 유전적으로 동일한 클론을 생산하지만 감수분열의 경우 교차의 발생으로 유전적으로 다양성을 지닌 딸세포를 만든다.

2 ④ 보족유전자 : 어떤 하나의 형질을 기준으로 그 형질이 2가지 이상의 비대립유전자가 공존할 경우에만 나타나는, 서로 보충하여 하나의 다른 형질을 표현하는 비대립유전자
① 동의유전자 : 2쌍의 유전자가 하나의 특성 형질에 같은 작용을 하는 경우
② 상위유전자 : 대립유전자가 아닌 두개의 유전자가 같이 있을 때 표현형으로 나타나는 형질을 지배하는 유전자(↔하위유전자)
③ 다인자유전자 : 하나의 형질을 결정하는데 관여하는 여러 쌍의 대립유전자

3 다음은 한 염색체의 단편을 나타낸 것이다. 이 염색체에서 협동원체 역위가 일어났을 때 예상되는 단편은 어느 것인가? (단, · 은 동원체를 나타낸다.)

abc · defgh

① abc · dh
② ad · cbefgh
③ abc · dgfeh
④ abc · deffegh

4 닭의 깃털색의 유전 중 레그혼종은 상위성 유전자(I)의 작용에 의해 우성백색(IICC)으로 백색을 띠고, 플리머스록 종은 열성백색(iicc)으로 백색을 띤다. 이때 열성백색인 플리머스록 종과 유색인 한국재래닭(iiCC)간의 교잡으로 생산된 F1은 어떠한 표현형을 가지는가?

① 모두 유색이다.
② 모두 백색이다.
③ 백색과 유색이 1 : 1의 비율로 나타난다.
④ 백색과 유색이 13 : 3의 분포비율을 보인다.

5 가축의 선발육종에서 세대당 유전적 개량량을 최대화하는 방안으로 옳지 않은 것은?

① 선발차를 작게 한다.
② 선발강도를 높게 한다.
③ 유전력을 크게 한다.
④ 세대간격을 짧게 한다.

ANSWER 3.② 4.① 5.①

3 역위는 동일한 염색체의 두 부분에서 절단점을 기준으로 180도 회전하여 역전한 경우로, 유전자들의 순서가 정상적인 순서와 반대이다. 순서가 바뀐 부분에 동원체를 포함하는 협동원체 역위와 동원체를 포함하지 않는 편동원체 역위로 구분할 수 있다.
② 역위가 일어난 bc · d 부분에 동원체가 포함되어 있는 협동원체 역위의 결과로 볼 수 있다.

4 iicc와 iiCC 간의 교잡으로 생산된 F_1은 iiCc로 모두 유색의 표현형을 가진다.

5 선발육종법은 이미 있는 품종 중 어떤 개체 또는 개체군을 선발하여 그 품종을 개량하거나 새 품종을 육성하는 품종 개량 방법이다.
① 세대당 유전적 개량량을 최대화하기 위해서는 선발차를 크게 해야 한다.

6 다음 중 조류의 반성유전에 관여하는 유전자들로만 나열된 것은?

① 호두볏, 흑색, 조숙성
② 계란색, 만우성, 횡반
③ 횡반, 만우성, 은색
④ 조숙성, 단관볏, 횡반

7 부모 A와 B 간에 태어난 개체 X의 근교계수는 부모 간 혈연계수의 얼마에 해당하는가?

① 0.125
② 0.25
③ 0.5
④ 0.75

8 특정 가축집단에서 AA, Aa, aa의 표현형 비율이 각각 50%, 40%, 10%로 나타났다. A유전자의 빈도는 얼마인가?

① 0.1
② 0.5
③ 0.65
④ 0.7

ANSWER 6.③ 7.③ 8.④

6 조류의 반성유전에 관여하는 유전자로는 횡반(B), 만우성(K), 은색(S), 백색다리(Id) 등이 있다.

7 근교계수 … 어느 개체에 있어(일반적으로 동물) 근친교배가 얼마나 행하여져 왔는가를 나타내는 계수로, 개체를 형성하는 난세포와 정자의 혈연적 상관관계로 표시한다. 부모 자식 간의 근교계수는 $\frac{1}{2}$로 이는 부모가 가진 유전자가 $\frac{1}{2}$씩 자식에게 전해진 것을 의미한다.

$F=2\left(\frac{1}{2}\right)^n$, n = 자기를 포함해서 공통조상으로 연결된 조상의 수

형제 사이의 근친교배에 의해 낳은 자식의 근교계수는 $\frac{1}{4}$, 사촌 사이에서는 $\frac{1}{16}$이다.

※ 혈연계수 … 2개체 사이에 어느 정도 가까운 혈연관계가 있는지를 나타내는 계수이다. 특정의 2개체가 같은 유래를 가진 유전자를 얼마만큼 가지고 있는가 하는 비율을 나타낸다. 부모 자식 간의 혈연계수는 $\frac{1}{2}$, 형제간 $\frac{1}{2}$, 사촌간 $\frac{1}{8}$이다.

8 A유전자의 빈도 $= \frac{2\times 50+40}{200}$

따라서 0.7이다.

9 **다음 육우의 경제형질 중 유전력이 가장 낮은 것은?**

① 임신율 ② 이유시 체중
③ 사료효율 ④ 도체율

10 **다음 젖소들 중 산유능력검정을 위한 보정이 불가능한 개체는?**

① 1일 2회 이상 착유한 젖소
② 착유기간이 75일 이하인 젖소
③ 검정 중 임신 후 180일 이내에 유산 또는 사산한 젖소
④ 다른 개체와 나이 차가 나는 젖소

11 **산란계의 종계 선발 시 산란능력과 생존율을 동시에 고려한 검사방법은?**

① 생존계 산란율 ② 월평균 산란율
③ 일계 산란율 ④ 산란지수

ANSWER 9.① 10.② 11.④

9 육우의 경제형질 유전력

(단위 : %)

형질	유전력	형질	유전력	형질	유전력
임신율	0 ~ 10	생시 체중	30 ~ 40	사료효율	30 ~ 50
분만간격	0 ~ 10	이유시 체중	30 ~ 35	도체율	35 ~ 40
임신기간	30 ~ 40	이유 후 일당증체량	40 ~ 60	배장근단면적	55 ~ 60

10 ② 착유기간이 75일 이하인 젖소는 산유능력검정을 위한 보정이 불가능하다.
※ 젖소의 산유능력검정 … 분만 후 10개월간의 산유량, 유지율, 유지생산량 등을 조사하는 것으로, 검정기간 중 월 1회씩 조사하는 방법이 주로 이용된다.

11 산란지수 … 닭의 산란능력을 평가하는 지수로, 계군의 총 생산란 수를 검정 개시 때 닭의 총수에서 분할하며 통상 닭의 편입 시부터 1년간을 계산한다.

12 치사유전자의 발현과 기형율이 높아지게 되는 교배법은 무엇인가?

① 품종간 교배
② 근친교배
③ 윤환교배
④ 계통간 교배

13 다음 제시문의 ㉠, ㉡, ㉢에 들어갈 말로 옳은 것은?

> 우리나라의 비육돈을 생산하는 대부분의 양돈장에서는 (㉠)이 우수한 품종간 교배를 통해 생산된 자손을 어미돼지로 이용하여 (㉡)이 우수한 부계품종과 교배하는 (㉢)방식을 적용하고 있다.

① ㉠ 번식능력 및 자돈육성능력, ㉡ 성장률 및 사료효율, ㉢ 3품종윤환교배
② ㉠ 성장률 및 자돈육성능력, ㉡ 번식능력 및 사료효율, ㉢ 3품종윤환교배
③ ㉠ 번식능력 및 자돈육성능력, ㉡ 성장률 및 사료효율, ㉢ 3품종종료교배
④ ㉠ 성장률 및 사료효율, ㉡ 번식능력 및 자돈육성능력, ㉢ 3품종종료교배

14 윤환교배시스템에서 일정 세대가 경과하면 더 이상 이형접합체의 비율이 변하지 않는 잡종강세효과의 수렴 현상이 나타난다. 다음 중 3품종윤환교배시스템에서 나타나는 잡종강세효과는 얼마에 수렴하는가?

① 66.7%
② 75.0%
③ 85.7%
④ 93.3%

ANSWER 12.② 13.③ 14.③

12 ② 근친교배 시 치사유전자의 발현율과 기형률이 높아진다.

13 우리나라의 비육돈을 생산하는 대부분의 양돈장에서는 번식능력 및 자돈육성능력이 우수한 품종간 교배를 통해 생산된 자손을 어미돼지로 이용하여 성장률 및 사료효율이 우수한 부계품종과 교배하는 3품종종료교배 방식을 적용하고 있다.

14 3품종윤환교배는 3품종종료교배가 100% 이용되는 것과 다르게 모체 및 개체 잡종강세가 각각 85.7% 이용된다.

15 육계의 우수한 도체품질을 위한 우모색은 어떤색이 적합한가?

① 황색
② 흑색
③ 다중색
④ 백색

16 돈군에서 어느 모돈의 1산차 포유개시자돈수가 10두, 이 모돈이 속해 있는 돈군의 평균 포유개시두수가 12두였다. 이 집단에서 추정된 포유개시두수의 반복력이 30%, 유전력이 20%인 경우, 이 모돈의 포유개시두수에 대한 육종가는 얼마인가?

① 11.4두
② 11.6두
③ 12.4두
④ 12.6두

17 세포의 유사분열 시 염색체의 동원체가 적도면에 배열되는 시기는 언제인가?

① 전기
② 중기
③ 후기
④ 말기

ANSWER 15.④ 16.② 17.②

15 육계의 우모색이 백색인 것이 도체품질이 우수하다.

16 측정횟수를 n, 반복력을 r, 유전력을 h라고 할 때,

육종가 = 군의 평균 + $\frac{nh}{1+(n-1)r}$(개체값−군의 평균)

따라서 $12+\frac{20}{100}(10-12)=12-0.4=11.6$

17 ② 세포의 유사분열 시 염색체의 동원체가 적도면에 배열되는 시기는 중기이다.

18 후대검정의 정확도를 높이기 위한 방법으로 옳지 않은 것은?

① 후대검정되는 자손의 수를 많게 한다.
② 자손의 수가 많다면 유전력이 높을수록 정확도가 증가한다.
③ 후대검정되는 자손들을 검정 시, 환경요인의 영향을 균등히 한다.
④ 각 후대검정축에 배정되는 암가축의 능력을 고르게 한다.

19 다음 보기에서 육용계(meat type)를 선택할 때 고려해야 할 조건으로 옳은 것을 모두 고르면?

〈보기〉

㉠ 산란능력	㉡ 난중
㉢ 체형	㉣ 깃털성장률
㉤ 깃털의 색	㉥ 도체율

① ㉢㉥
② ㉡㉢㉥
③ ㉢㉤㉥
④ ㉢㉣㉤㉥

20 어느 재래계 농장의 산란검정을 실시한 결과 모집단의 평균 산란수가 185개, 선발된 집단의 평균 산란수가 205개였으며, 선발강도(i)는 4였다. 산란수의 선발차와 표현형 분산은 각각 얼마인가?

① 선발차 = 5, 표현형 분산 = 25
② 선발차 = 5, 표현형 분산 = 80
③ 선발차 = 20, 표현형 분산 = 25
④ 선발차 = 20, 표현형 분산 = 80

ANSWER 18.정답없음 19.④ 20.③

18 ①②③④ 모두 후대검정의 정확도를 높일 수 있다.

19 육용계를 선택할 때 고려해야 할 조건으로는 체형, 깃털성장률, 깃털의 색, 도체율 등이 있다.
㉠㉡ 산란능력과 난중은 산란계 선택 시 고려해야 할 조건이다.

20
- 선발차는 잡종 집단에서 선발된 군의 평균치(M')와 원집단의 평균치(M)와의 차(M' − M)이므로 205 − 185 = 20이다.
- 표현형 분산은 생물집단에 관한 어떤 양적형질의 변동을 조사할 때, 환경이나 유전적 원인을 고려하지 않고 개체의 표현형에 관한 분산만을 취급하는 것을 말한다.
- 선발강도(i) $= \frac{\text{선발차}}{\text{표현형 표준편차}}$ 이므로 $4 = \frac{20}{5}$ 이다. 표현형 표준편차가 5이므로, 표현형 분산은 25이다.

가축육종 | 2016. 6. 25. 서울특별시 시행

1 다음과 같은 유전현상의 변이를 초래하는 것은 무엇인가?

> 치사작용을 초래하며 교차율을 변화시키고, 위우성(pseudodominance)현상과 여러 가지 형태적 변화를 야기하기도 한다.

① 결실
② 중복
③ 역위
④ 전좌

2 유전자기능 분석방법으로 사용하는 중합효소반응(polymerase chain reaction)은 3가지 단계(Primer 결합, DNA 합성, DNA 변성)를 반복하여 특정 DNA 영역을 증폭한다. 각 단계의 순서로 옳은 것은?

① DNA 변성→DNA 합성→Primer 결합
② DNA 변성→Primer 결합→DNA 합성
③ Primer 결합→DNA 합성→DNA 변성
④ Primer 결합→DNA 변성→DNA 합성

ANSWER 1.① 2.②

1 ① 위우성 현상은 염색체의 일부 '결실'로 인해 소실된 우성유전자 대신에 열성유전자가 발현되는 현상이다.

2 중합효소 연쇄 반응의 순서
㉠ 열을 이용하여 두 가닥의 DNA를 분리하는 열변성 과정(denaturation)
㉡ 온도를 낮추어 시발체(primer)가 증폭을 원하는 서열 말단에 결합(annealing)
㉢ 다시 열을 약간 올려서 DNA를 합성하는 중합 반응(polymerization or extension)

3 집토끼의 모색과 모장에 관한 유전 양식으로서 백색짧은털($EESS$)을 가진 개체와 흑색긴털($eess$)을 가진 개체 간의 교잡으로 백색짧은털($EeSs$)을 가진 개체가 생산되었다. 본 개체를 흑색긴털($eess$)개체와 검정교배시킨 결과 백색짧은털 개체 84마리, 백색긴털 개체 14마리, 흑색짧은털 개체 16마리, 흑색긴털 개체 86마리가 출생되어 이론적 분리비인 1:1:1:1과는 매우 큰 차이가 있었다. 왜 이러한 결과가 나타나는지에 대한 가장 적절한 유전 현상의 설명은?

① 모색과 모장의 독립유전
② 모색 유전자의 상위성 유전
③ 모장 유전자의 상위성 유전
④ 모색과 모장의 연관

4 다음 중 닭의 조합능력(combining ability)을 개량하기 위해 고안된 육종방법은?

① 가계선발
② 후대검정
③ 상반반복선발법
④ 개체와 가계의 결합선발

5 다음 중 DNA가 유전물질로서 인정받게 된 실험과 직접적 관련이 없는 것은?

① Griffith의 폐렴쌍구균 실험
② Watson & Crick의 DNA 이중나선 구조
③ Hershy & Chase의 T2 박테리오파지 실험
④ Avery 등의 분해효소 첨가 실험

ANSWER 3.④ 4.③ 5.②

3 이론적인 분리비는 형질들이 독립유전을 한다고 가정하에 계산된 것이기에, 실제로 많은 형질은 이론적인 분리비와는 다른 분리비를 보인다. 이 실험은 부모계가 가장 많이 나오고 서로 다른 조합의 형질을 가진 개체는 적은 숫자가 나왔다. 이는 두 형질을 결정하는 인자가 동일 염색체에서 어느 정도 가깝게 있기 때문으로 이를 연관되어 있다고 볼 수 있다. 그리고 백색긴털과 흑색짧은털의 개체는 모색과 모장 결정인자 사이의 교차의 결과 나온 개체이다.

4 상반반복선발법 … 조합능력의 개량을 위해 고안된 것으로 상반반복선발법이나 상반순환선발법이 있다. 이 방법은 조합능력을 조사하기 위해 검정교잡 후 성적에 따라 선발한다.

5 ② Watson&Crick의 DNA 이중나선 구조는 유전자의 개념과 구조를 확립한 사건이며, 유전물질로서 인정받게 된 실험은 아니다.

※ DNA가 유전물질로서 인정받게 된 실험
㉠ Griffith의 폐렴쌍구균 실험
㉡ Hershy&Chase의 T2 박테리오파지 실험
㉢ Avery 등의 분해효소 첨가 실험

6 닭의 만우성유전자(K)는 반성유전형질로서 조우성유전자(k^+)에 대해 우성이다. 그러므로 이러한 형질을 이용하여 어린병아리 때 깃털의 발육속도로서 자가 성감별이 가능한데, 이를 위해서는 만우성과 조우성의 부, 모계통의 유전적 고정이 필요하다. 다음 중 자가 성감별을 위한 모계 종계의 교배조합 체계로 바람직한 것은?

① $Z^{k+}Z^{k+} \times Z^K W$
② $Z^K Z^K \times Z^K W$
③ $Z^{K+}Z^{k+} \times Z^K W$
④ $Z^{k+}Z^{k+} \times Z^{k+} W$

7 선발하려는 집단의 선발차가 20이고, 모집단의 전체분산이 1,600일 경우의 표준화된 선발차(선발강도)는?

① 0.5
② 1.0
③ 1.5
④ 2.0

8 닭의 역우(F) 및 정상우(f) 유전자와 백색(I) 및 유색(i)의 우모색 관련 유전자는 동일염색체상에 연관되어 있다. 백색의 우모색과 역우 특징을 갖는 F1(IiFf)과 유색-정상 개체를 교배하여 100수의 자손을 생산하였다. 생산된 자손들 중 백색-역우 40수, 백색-정상 12수, 유색-역우 8수, 유색-정상 40수가 나타났다면 교차가는?

① 8%
② 12%
③ 20%
④ 40%

ANSWER 6.② 7.① 8.③

6
- 위 문제는 반성유전에 의한 특성 형질에 따른 십자유전현상으로 이해하면 안된다.
- 조우성 수탉과 만우성 암탉을 교배하면 조우성 암탉, 만우성 수탉이 나오게 되는데, 이를 통해 병아리 성검별을 한다.(즉, 모계 종계 교배에 관한 문제이다.)
- 여기서 모계 종계가 만우성이어야 하므로 만우성의 암탉을 만들려면 수탉이 만우성이 되어야 하므로 $Z^K Z^K \times Z^K W$가 된다.

7
선발하려는 집단의 선발차(S) = 20
모집단의 전체분산 = (표현형 표준편차)^2 = $(\sigma_p)^2$ = 1,200
표준화된 선발차(선발강도, i) = S/σ_p = 20/40 = 0.5

8
교차가(값) = [(교차로 생긴 자손 수) ÷ 교배로 인한 총 자손 수] × 100
교차로 생긴 자손인 백색-정상 12수와 유색-역우 8수를 대입해보면,
[(12+8) ÷ 100] × 100 = 20%이므로
백색-역우와 유색-정상 개체를 교배하여 나타난 교차가는 20%이다.

9 어떤 축우 집단에서 체중에 대한 개체 선발을 하였을 경우 집단의 평균 체중은 550kg, 종축으로 선발된 개체들의 평균값은 750kg이었다. 이때 체중의 유전력은 0.3, 집단 내 개체들의 세대 간격은 수컷이 2년, 암컷은 4년이라 하였을 때 다음 세대에 기대되는 연간 유전적 개량량은?

① 20kg
② 30kg
③ 50kg
④ 60kg

10 가축 형질의 유전력을 추정하는 방법 중 분산분석에 의한 방법으로 반형매 간의 유사도 또는 전형매 간의 유사도에 근거하여 추정하는 방법이 있다. 전형매 간의 유사도에 근거하여 분산성분을 추정한 결과 부친의 분산성분($\sigma^2{}_s$)은 0.2이고, 모친의 분산성분($\sigma^2{}_d$)은 0.3, 자손의 분산성분($\sigma^2{}_w$)은 1.5라 할 때, 부친의 분산성분으로부터 추정한 유전력의 값은?

① 0.1
② 0.2
③ 0.25
④ 0.4

ANSWER 9.① 10.④

9 유전적 개량량 = 유전력 × 선발차
선발차 = 종축으로 선발된 개체의 평균 − 모집단의 평균 = 750−550=200
세대 간격이 수컷과 암컷의 평균인 3년이므로 선발차에 대입하면 $\frac{200}{3}$
유전적 개량량 = $0.3 \times \frac{200}{3} = 20kg$

10 유전력의 추정 방법 중 분산분석을 이용하면
• 부친의 분산 성분만을 이용할 시

$$유전력 = \frac{4(부친의\ 분산성분)}{부친의\ 분산성분 + 모친의\ 분산성분 + 자손의\ 분산성분}$$

• 양친의 분산 성분을 이용할 시

$$유전력 = \frac{2(부친의\ 분상선분 + 모친의\ 분산성분)}{부친의\ 분산성분 + 모친의\ 분산성분 + 자손의\ 분산성분}$$

11 Angus종 집단에서 출생한 100마리의 송아지 중 16마리는 적색(bb)이고, 84마리는 흑색(BB, Bb)이었다. 이들 집단이 Hardy-Weinberg 평형상태에 있고, 폐쇄집단 내 무작위 교배가 이루어지고 돌연변이, 선발, 유전적 부동, 이주, 격리 등이 작용하지 않는다고 가정하였을 때, 3세대 후 이들 집단 내 Bb의 유전자형 빈도는?

① 0.16
② 0.24
③ 0.4
④ 0.48

12 다음 중 선발에 대한 설명으로 옳지 않은 것은?

① 가축 집단의 유전능력을 개량한다.
② 자연적 선발과 인위적 선발로 구분한다.
③ 다음 세대의 가축을 생산하는 데 사용될 종축을 고르는 것이다.
④ 가축이 유전적으로 퇴화하는 것을 방지하는 목적이 있다.

13 젖소에 있어 특정개체의 1회 측정 평균유량이 10,000kg이고, 이 개체가 속한 우군의 평균유량은 8,000kg이며, 해당형질의 유전력은 0.25, 반복력은 0.5라 할 때 이 개체의 유량에 대한 차기 생산능력(추정생산능력)은?

① 8,500kg
② 9,000kg
③ 10,500kg
④ 11,000kg

ANSWER 11.④ 12.④ 13.②

11 B의 빈도를 p, b의 빈도를 q라고 하면 BB는 p^2, Bb는 $2pq$가 된다. (대립유전자 빈도에 근거한 이형접합체의 빈도)
bb는 $q^2=0.16$ (100마리중 적색 16마리)이므로, $q=0.4$이고
$p+q=1$이므로 $p=0.6$이 되므로
Bb의 유전자형 빈도는 $2pq=2\times0.6\times0.4=0.48$
※ 하디-바인베르크(Hardy-Weinberg) 평형상태인 집단은 세대가 지나도 유전자형 빈도가 변하지 않는다.

12 ④ 선발은 가축집단의 유전능력을 개량하는 것이며, 우수한 가축을 그 대상으로 한다. 선발된 가축은 종축이 되어 자신의 유전자를 후대에 전할 수 있다. 자연적 선발과 인위적 선발로 구분한다. 반면 도태는 가축이 유전적으로 퇴화되는 것을 방지하는 것을 목적으로 하며, 도태의 대상이 되는 가축들은 유전적으로 불량한 가축이다. 도태되는 개체들은 죽게 되므로 자신이 지니고 있던 유전자가 소멸된다.

13 $$\text{추정생산능력}=\text{축군의 평균치}+\frac{\text{기록수}\times\text{반복력}}{1+(\text{기록수}-1)\text{반복력}}(\text{일생의 평균치}-\text{축군의 평균치})$$

14 멘델법칙에 따른 유전현상의 결과를 볼 때 표현형의 분리비율은 이론치와 완벽하게 일치하는 경우는 드물다. 이런 이유는 각 유전인자를 가지고 있는 배우자들 간의 결합이 확률적으로 완전 임의로 이루어지기 때문에 조사대상의 수가 적으면 적을수록 실제 관측치와 이론치가 일치되는 경우가 드물고 조사수가 많으면 많을수록 관측치와 이론치가 거의 일치하게 되는 것이다. 이처럼 실제 관측치와 이론치 간의 차이를 판단 해석하는 통계수단은?

① 카이자승 검정 ② 상관 분석
③ 회귀 분석 ④ 분산 분석

15 돼지 품종 A의 평균산자수는 14두이고, 돼지 품종 B의 평균 산자수는 18두인데, A품종과 B품종 간의 교잡에 의하여 생긴 F_1의 평균산자수가 20두라고 하면 이때 이 형질의 잡종강세의 강도는?

① 10% ② 15%
③ 20% ④ 25%

16 다음 중 보족 유전자 작용의 대표적인 예로 옳은 것은?

① 쇼트혼(Shorthorn)종의 피모색
② 닭의 우모색
③ 닭의 볏모양
④ 토끼의 색원체유전자

ANSWER 14.① 15.④ 16.③

14 카이자승 검정은 두 변인의 비연속적이고 각 변인이 두 가지 이상의 성질이 구분되어 있을 경우에 이론을 가설로 세우고 그 이론 밑에서 기대되는 빈도를 구하여 관찰빈도가 기대빈도에 적합한가의 여부를 X^2에 값에 의하여 검증하는 방법이다.

15 $$잡종강세율 = \frac{F1의\ 평균산자수 - a,b의\ 평균산자수}{a,b의\ 평균산자수}$$

16 보족유전자 … 비대립 관계의 2쌍 이상의 유전자가 독립적으로 유전하면서 기능상 협동적으로 작용하여 양친에게는 없는 새로운 특정형질을 발현하도록 하는 유전자를 말한다. 동물의 예로는 닭의 볏 모양이 있다. R와 P라는 두 종류의 유전자 중, 양쪽이 모두 우성이면 호도볏(R-P), R만 우성이면 장미볏(R-p), P만 우성이면 완두볏(r-P), 둘 다 열성이면 홑볏(r-p)이 된다. 식물에서는 스위트피 꽃빛이 대표적인 예이다.

17 다음 중 가축의 형질 발현에 관한 유전과 환경의 상호작용에 대한 설명으로 가장 옳은 것은?

① 유전자의 효과는 환경과 무관하게 작용한다.
② 유전자는 형질 발현의 기본적 소질을 결정하고 환경이 이를 구현시켜 준다.
③ 환경이 불량하더라도 우량한 유전자를 보유한 가축은 표현 성적이 우수하다.
④ 유전자가 열등하면 양질의 사료 등으로 육질 등의 생산 능력을 극복할 수 있다.

18 역우, 단관, 백색 우모($FFrrII$)의 닭과 정상우, 장미관, 유색 우모($ffRRii$)의 닭을 교잡하였을 경우 F1은 역우, 장미관, 백색 우모($FfRrIi$)를 가진 개체가 된다. 이들 F1 간의 교잡으로 $FFRRII$의 유전자형을 가진 개체가 생산될 수 있는 확률은?

① 1/8
② 1/16
③ 1/32
④ 1/64

ANSWER 17.② 18.④

17 가축 형질 발현에서 유전자의 효과와 환경의 영향은 상호작용 하고, 형질에 따라서는 유전의 영향을 더 많이 받는 것과 환경의 영향을 더 많이 받는 것이 있다.

18
- FFrrII와 ffRRii 사이에는 멘델의 분리법칙과 우열의 법칙이 적용되고, 서로 다른 3개의 상 염색체가 존재하므로 독립적으로 존재함을 인지하여야 한다.
- FfRrIi가 독립적으로 존재할 경우 생성되는 생식세포의 수는 FRI, FRi, FrI, Fri, fRI, fRi, frI, fri 8개가 되며, 이들을 자가교배하면 $8 \times 8 = 64$가지의 유전자형이 나온다.
- 그런데 자가교배하여 순종형을 구하는 것이 문제이므로 여기서 순종은 FFRRII, ffrrii이다.

문제에서 FFRRII를 구하면

Ff×Ff에서 FF가 나올 확률 $= \frac{1}{4}$

Rr×Rr에서 RR이 나올 확률 $= \frac{1}{4}$

Ii×Ii에서 II가 나올 확률 $= \frac{1}{4}$

모두 합한 확률 $= \frac{1}{4} \times \frac{1}{4} \times \frac{1}{4} = \frac{1}{64}$

19 다음 중 유전력에 대한 설명으로 옳지 않은 것은?

① 유전력의 범위는 0에서 +1 사이에 있다.

② 유전력은 광의와 협의의 유전력으로 나눌 수 있다.

③ 유전력은 형질에 따라 동일하다.

④ 유전력이 작으면 가계선발이 효율적이다.

20 다음은 반형매관계인 A, B 개체에 대한 가계도이다. 이때 A와 B 두 개체 간의 혈연계수는? (단, Fc=0)

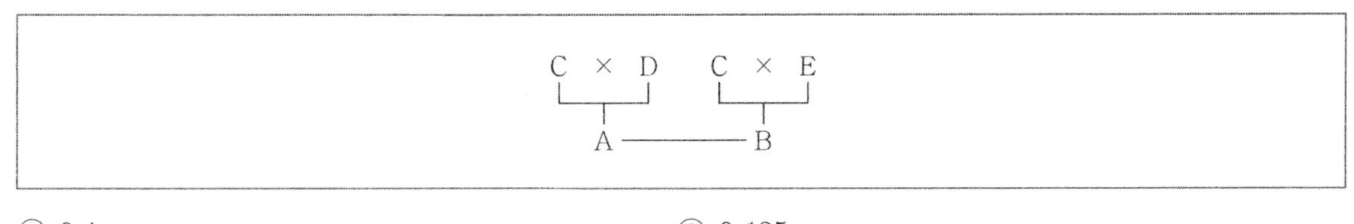

① 0.1 ② 0.125

③ 0.25 ④ 0.5

ANSWER 19.③ 20.③

19 유전력은 형질에 따라 어느 정도 일정한 경향이 있지만 특정 형질은 표현형적으로 차이를 보이지 않기 때문에 비록 유전적으로 완전하게 정해졌어도 유전적이지 않다.

20 반형매간 교배의 혈연계수 … A와 B는 반형매이고 공통선조는 C가 된다. 여기서의 혈연계수는 0.25나 25%가 된다.

가축육종	2020. 6. 13. 제2회 서울특별시 시행

1 **가축육종에 대한 설명으로 가장 옳지 않은 것은?**

① 가축의 야생성질을 극대화한다.
② 가축의 유전적 소질을 개선하여 생산능력을 높인다.
③ 씨가축의 생산과 교배 등에 관여한다.
④ 가축의 유전능력을 개량하기 위한 육종계획이 중요 하다.

2 **비대립관계에 있는 2개 이상의 유전자가 독립적으로 유전하면서 기능상 협동적으로 작용하여 부모에게는 없는 새로운 특정 형질을 나타내도록 하는 유전자는?**

① 중복유전자
② 상위유전자
③ 보족유전자
④ 복대립유전자

ANSWER 1.① 2.③

1 ① 가축육종은 경제적인 목적에 맞게 가축의 유전적인 능력을 변화시키는 일로, 야생성질 중 그 목적에 맞는 것은 극대화되고 그렇지 않은 것은 퇴화시킨다.

2 보족유전자 … 비대립 관계에 있는 2쌍 이상의 유전자가 독립적으로 유전하면서 기능상 협동적으로 작용하여 양친에게는 없는 새로운 특정 형질을 나타내도록 하는 유전자이다.
① 중복유전자 : 같은 표현형을 나타내는 2개의 대립 유전자쌍으로서 각각의 염색체에 존재하는 것을 말한다.
② 상위유전자 : 유전자좌가 다른 비대립 유전자가 우성유전자의 발현을 피복함으로써 발현을 억제시키는 작용을 상위작용이라고 하며, 이때 피복작용을 하는 유전자를 상위유전자, 발현이 억제된 유전자를 하위유전자라고 한다.
④ 복대립유전자 : 동일유전자 자리에서 형질발현에 대한 작용이 조금씩 다른 일군의 유전자로, 대립유전자간 상호작용에 해당한다.

3 Hardy-Weinberg 평형상태에 있는 집단에서 어떤 유전자 좌위에 있는 대립유전자 B와 b가 각각 p와 q(=1-p)의 빈도를 나타낸다고 가정하고, B유전자 빈도(p)가 0.8, b유전자 빈도(q)가 0.2, 근교계수(inbreeding coefficient, F)가 0.5라고 할 때, 이 집단에서 근친교배 후 이형접합체(Bb)의 빈도를 계산한 값은?

① 0.10 ② 0.16
③ 0.32 ④ 0.40

4 어느 집단에서 관찰된 전체 유전자자리의 개수가 6이고, 다형성을 띠는 유전자자리의 개수가 3이면, 이 집단 내 유전적 다형성의 비율은?

① 0.05 ② 0.25
③ 0.5 ④ 1

5 DNA는 전사를 통해 RNA를 합성하게 된다. 전사에 대한 설명 중 가장 옳지 않은 것은?

① 전사는 DNA 중합효소에 의해 수행된다.
② 전사가 일어날 때 DNA의 T, G, C, A는 각각 새롭게 합성되는 RNA의 A, C, G, U와 쌍을 이룬다.
③ 전사 과정에서 새롭게 합성되는 RNA는 5′→3′ 방향으로 합성된다.
④ 전사는 DNA의 한쪽 가닥을 주형으로 하여 일어난다.

ANSWER 3.② 4.③ 5.①

3 Hardy-Weinberg 평형상태인 집단은 세대가 지나도 유전자형 빈도가 변하지 않는다. 대립유전자 B와 b가 각각 p와 q(=1-p)의 빈도를 나타낸다고 가정할 때, B유전자 빈도(p)가 0.8, b유전자 빈도(q)가 0.2이므로, 이 집단에서 근친교배 후 이형접합체(Bb)의 빈도는 $0.8 \times 0.2 = 0.16$이다.

4 전체 유전자자리의 개수가 6이고, 다형성을 띠는 유전자자리의 개수가 3이므로 이 집단 내 유전적 다형성 비율은 $\frac{3}{6} = 0.5$이다.

5 ① 단일 가닥 DNA를 주형으로 RNA가 합성되는 과정을 전사라고 한다. 전사는 RNA 중합효소에 의해 수행된다.

6 다음 형질 중 성격이 가장 다른 것은?

① 돼지의 증체량
② 닭의 볏 모양
③ 닭의 산란수
④ 젖소의 비유량

7 근친교배의 유전적 효과 및 이용에 대한 설명 중 가장 옳지 않은 것은?

① 특정 형질 유전자 고정
② 유전자 동형접합성 증가
③ 불량 열성유전자 제거
④ 이형접합체빈도 증가

8 가축개량에 쓰이는 교배에 대한 설명으로 가장 옳지 않은 것은?

① 가축개량의 교배법으로는 크게 순종교배와 잡종교배가 있다.
② 순종교배는 서로 다른 품종에 속하는 개체간의 교배를 의미한다.
③ 잡종교배에는 품종간 교배, 계통간 교배 등이 있다.
④ 근친교배에는 전형매간 교배, 반형매간 교배 등이 해당한다.

ANSWER 6.② 7.④ 8.②

6 ② 닭의 볏모양은 보족유전자로 인한 유전현상이다. R와 P라는 두 종류의 유전자 중, 양쪽이 모두 우성이면 호도볏(R-P), R만 우성이면 장미볏(R-p), P만 우성이면 완두볏(r-P), 둘 다 열성이면 홑볏(r-p)이 된다.

7 ④ 근친교배는 동형접합체(homozygote)의 비율을 증가시키고 이형접합체(heterozygote)의 비율을 감소시킨다. 즉, 근친교배의 가장 중요한 유전적 효과는 유전자의 호모(homo)성을 증가시키고 헤테로(hetero)성을 감소시키는 것이다.

8 ② 순종교배는 같은 품종에 속하는 개체 간의 교배로 순종 가축의 유전적 순수성을 유지하면서 능력을 개량할 때 이용된다.

9 〈보기〉는 멘델의 법칙 양성잡종 유전양식의 예에서 F_1간의 교배에 의해 얻어진 닭 160수의 표현형 관측치, 장미관 백색 87, 장미관 흑색 31, 단관 백색 30, 단관 흑색 12가 9 : 3 : 3 : 1의 비율로 분리되는지 판단하기 위하여 카이자승(χ^2) 검정을 한 결과이다. 계산된 카이자승 값인 0.53을 확률적으로 판단하기 위해서는 자유도를 알아야 하는데, 이 검정에서 사용할 수 있는 자유도 값은?

보기

표현형	관측치(o)	이론치(e)	$o-e$	$(o-e)^2$	$(o-e)^2/e$
장미관 백색	87	90	−3	9	0.1
장미관 흑색	31	30	1	1	0.03
단관 백색	30	30	0	0	0
단관 흑색	12	10	2	4	0.4
계	160	160	0		0.53

① 1
② 2
③ 3
④ 4

10 교차가(crossing over rate)에 대한 설명으로 가장 옳지 않은 것은?

① 교차형의 빈도를 말한다.
② 유전자간 연관의 강도를 표시하는 값이다.
③ 강한 연관을 완전연관 또는 연관불균형이라 한다.
④ 양성잡종의 검정교배에서 교차형 개체가 하나도 발생하지 않는다면 교차가는 50이다.

ANSWER 9.③ 10.④

9 정규 분포를 따르는 모집단으로부터 추출된 n개의 표본 확률 변수는 자유도 $n-1$의 카이자승 분포를 따른다. 따라서 이 검정에서 사용할 수 있는 자유도 값은 $4-1=3$이다.
※ 카이자승 검정은 두 변인의 비연속적이고 각 변인이 두 가지 이상의 성질이 구분되어 있을 경우에 이론을 가설로 세우고 그 이론 밑에서 기대되는 빈도를 구하여 관찰빈도가 기대빈도에 적합한가의 여부를 χ^2에 값에 의하여 검증하는 방법이다.

10 ④ 양성잡종의 검정교배에서 교차형 개체가 하나도 발생하지 않는다면 완전연관으로 교차가는 0이다.
※ 교차율의 범위 … 0%(완전연관) < 교차율(r) < 50%(독립유전)

11 가축의 성염색체에 대한 설명으로 가장 옳지 않은 것은?

① 가축의 성 결정은 성염색체에 의해 일어난다.
② 정자 및 난자의 형성과정에서 감수분열이 일어난다.
③ 포유류의 수컷은 다른 형태로 이루어진 한쌍의 성염색체를 가진다.
④ 조류의 수컷은 다른 형태로 이루어진 한쌍의 성염색체를 가진다.

12 어느 종돈용 수컷 돼지 집단의 이유시 평균체중이 6.5kg이고, 이유시 평균체중에 대한 표현형 표준편차는 0.4kg이었다. 이 집단에서 이유시 평균체중 개량을 위하여 선발된 개체들의 이유시 평균체중이 7.0kg이었다면, 이 집단의 이유시 평균체중에 대한 선발강도는?

① 0.25
② 1.0
③ 1.25
④ 2.5

13 어느 농장에 안달루시안 품종의 닭 100수가 흑색(BB) 36수, 회색(Bb) 44수, 백색(bb) 20수로 이루어져 있다. 이때 대립유전자 b의 유전자 빈도는?

① 0.20
② 0.42
③ 0.44
④ 0.58

ANSWER 11.④ 12.③ 13.②

11 ④ 조류, 양서류(일부), 연골어류, 곤충류(일부), 파충류(일부)는 수컷 동형 염색체이다.

12
- 선발하려는 집단의 선발차 = 7.0 − 6.5 = 0.5
- 이유 시 평균체중에 대한 표현형 표준편차 = 0.4

따라서 이 집단의 이유 시 평균체중에 대한 선발강도 = $\frac{0.5}{0.4} = 1.25$이다.

13 대립유전자 b의 유전자 빈도는 $\frac{22+20}{100} = \frac{42}{100} = 0.42$이다.

14 **반복력(repeatability)에 대한 설명으로 가장 옳지 않은 것은?**

① 반복력은 항상 유전력과 같거나 작은 값을 갖는다.

② 한 개체에 대하여 특정 형질이 반복하여 발현되고 측정될 수 있다면 동일한 개체에 대해 측정된 기록간에 상관관계가 형성되는데, 이에 해당하는 상관계수를 반복력이라고 한다.

③ 반복력 값의 범위는 0~1이며, 반복력이 작으면 우수한 기록을 가진 개체가 다음 기록에서 우수할 가능성이 떨어진다.

④ 반복력이 적용되는 형질로는 산차(parity)별로 측정될 수 있는 산유량과 산자수가 있다.

15 **현행 우리나라 한우의 개량목표 형질이 아닌 것은?**

① 근내지방도

② 유지방량

③ 도체중

④ 등심단면적

ANSWER 14.① 15.②

14 ① 유전력은 반복력보다 항상 작거나 같다. 즉, 유전력 ≤ 반복력이다.

15 농림축산식품 고시에 따른 2011~2020년 한우의 개량목표는 비거세우 · 거세우 · 암소 체중, 거세우 도체중, 근내지방도, 등지방두께, 등심단면적이다.

16 흑색 피모를 가진 육우 앵거스종과 적색 피모를 가진 육우 쇼트혼종을 양친으로 하여 교배하였더니, 1대 잡종(F_1)에서는 모두 흑색 피모를 가진 소가 나왔고, 이 흑색 피모를 가진 F1을 서로 교배시켜 생산된 2대 잡종(F_2)에서는 피모색이 흑색 3, 적색 1의 비율로 나타났다. 이와 같은 현상을 설명할 수 있는 멘델의 법칙으로 옳은 것을 〈보기〉에서 모두 고른 것은?

〈보기〉

㉠ 우열의 법칙　　㉡ 독립의 법칙
㉢ 분리의 법칙　　㉣ 연관의 법칙

① ㉠, ㉡　　② ㉡, ㉢
③ ㉠, ㉢　　④ ㉢, ㉣

17 DNA의 복제 모델로 가장 옳은 것은?

① 반보존적 복제
② 보존적 복제
③ 간헐적 복제
④ 분산적 복제

ANSWER 16.③ 17.①

16 ㉠ 우열의 법칙(멘델의 제1법칙) : 순종의 대립형질끼리 교배시켰을 때 1대 잡종(F_1)에서 우성 형질만 발현되는 현상
㉢ 분리의 법칙(멘델의 제2법칙) : 우열의 법칙에서 얻은 1대 잡종(F_1)을 교배하여 얻은 2대 잡종(F_2)에서 우성과 열성 형질이 일정한 비인 약 3 : 1로 분리되어 나타나는 현상
㉡ 독립의 법칙 : 두 쌍 이상의 대립형질이 동시에 유전될 때 각각의 형질이 다른 형질의 유전에 영향을 주지 않고 서로 독립적으로 유전되는 현상
㉣ 연관의 법칙 : 2 이상의 유전자가 같은 염색체 또는 같은 핵산분자상에 있기 때문에 2대 잡종(F_2) 이후 같이 행동하여 멘델의 독립의 법칙에 따르지 않은 유전 현상

17 반보존적 복제 … 이중사슬 구조를 가진 DNA의 복제양식으로, DNA 이중사슬의 각 단일사슬이 거푸집이 되고 거기에 상보적인 새로운 단일사슬이 합성되어 원래와 동일한 이중사슬 DNA가 2개가 형성되는 것을 말한다.
② 보존적 복제 : 이중사슬은 분리되지 않은 채 거푸집으로 작용하여 새로운 이중사슬을 만들기 때문에 본래의 두 가닥이 그대로 보존된다.
④ 분산적 복제 : 이중사슬은 복제가 일어날 때 짧은 토막으로 나누어져 거푸집으로 작용한 후 다시 연결되는 것으로 원래의 가닥은 새 사슬로 분산된다.

18 어느 종돈장에서 기르는 돼지 집단의 일당증체량의 유전력이 0.3이고, 일당증체량의 평균 선발강도가 10, 일당증체량에 대한 표현형 표준편차가 30kg이라고 한다면, 이 집단의 다음 세대에 기대되는 유전적 개량량[kg]은?

① 6kg
② 9kg
③ 12kg
④ 90kg

19 가축의 모색유전에 대한 설명으로 가장 옳지 않은 것은?

① 가축의 모색과 깃털색, 피부색은 멜라닌이라는 물질의 작용을 통해 여러 형태로 나타난다.
② 면양의 모색은 항상 백색이 다른 색에 대하여 열성이다.
③ 가축의 모색유전은 단 한쌍의 유전자에 의해 결정되는 경우도 있지만, 복대립유전자 또는 상위유전자 등에 의해 나타나기도 한다.
④ 돼지는 품종에 따라 대부분 모색이 일정하다.

ANSWER 18.④ 19.②

18 개량량 = 선발차 평균 × 유전력 = (선발강도 × 표현형 표준편차) × 유전력
따라서 이 집단의 다음 세대에 기대되는 유전적 개량량은 10 × 30 × 0.3 = 90kg이다.

19 ② 양(sheep)의 모색관련 유전양식에서 흑모(black wool)는 백모(white wool)에 대하여 열성으로 작용한다.

20 돼지의 산육능력검정 중 검정소검정의 조사항목에 해당하지 않는 것은?

① 사료요구율

② 등지방두께

③ 등심단면적

④ 복당산자수

ANSWER 20.④

20 돼지의 검정소검정 조사항목〈「가축검정기준」 제4장 돼지 검정기준 제44조(검정소검정) 제7항〉 … 검정기간 중 다음 사항을 조사한다.

1. 체중은 본 검정 개시 시와 종료 시에 측정한다.
2. 사료섭취량은 돈방별로 조사하여 검정종료 시 사료요구율을 조사한다.
3. 사료요구율을 측정할 때는 체중 30kg 전후의 자돈을 사료효율측정장치가 있는 돈방에 입식하여 7일간 적응기간 후에 검정을 개시하며, 개시체중 측정과 검정기간의 사료섭취량 총합을 측정한다.
   가. 사료요구율 = 사료섭취량 ÷ (검정종료체중 − 검정개시체중)
   나. 잉여 사료섭취량 = 예측 사료섭취량 − 실제 사료섭취량
4. 등지방두께 및 등심단면적, 등심깊이 및 근내지방은 검정동기군의 평균체중이 90kg 전후가 되었을 때 초음파 측정기 등을 사용하여 조사하며, 측정기기가 A모드인 경우 측정부위는 어깨(제4늑골), 등(최후늑골), 허리(최후요추), 3부분의 정중선에서 좌측 또는 우측 5cm 부분을 측정하여 그 평균치를 이용하고 측정기기가 B모드인 경우 측정부위는 등(제10늑골)의 정중선에서 좌측 또는 우측 5cm 부분을 측정하되 등심단면적과 등지방두께 측정 시에는 측정부위를 기준으로 수직으로 측정하고 등심깊이와 근내지방 측정 시에는 측정부위를 기준으로 수평으로 측정한다.
   가. 보정된 등지방 두께 = 측정 시 등지방 두께 + [(90kg − 측정체중) × 측정 시 등지방 두께 ÷ (측정체중 − 11.34)]
   나. 보정된 등심단면적 = 측정 시 등심단면적 + [(90kg − 측정체중) × 측정 시 등심단면적 ÷ (측정 시 체중 + 70.31)]
5. 검정동기군의 평균체중이 90kg 도달시기에 일반체형, 사지의 상태, 번식능력(생식기의 발육, 성욕상태)등 종돈의 적격성을 축산법 시행규칙 제9조 제4항의 규정에 의거 종축등록기관이 공고하는 "가축외모심사 기준"에 의거 심사한다.